"创新设计思维"

数字媒体与艺术设计类新形态丛书

# 案例学 AIGC+

# Photoshop

## 平面设计

### 微|课|版

赵志芳 甘忆◎主编

王晓雷◎副主编

人 民 邮 电 出 版 社

北 京

**图书在版编目（CIP）数据**

案例学 AIGC+Photoshop 平面设计：微课版 / 赵志芳，甘忆主编. -- 北京：人民邮电出版社，2025. --（"创新设计思维"数字媒体与艺术设计类新形态丛书）.

ISBN 978-7-115-66337-5

Ⅰ. TP391.413

中国国家版本馆 CIP 数据核字第 2025NE8591 号

## 内 容 提 要

本书通过案例全面且系统地讲解平面设计，精心设计"本章导读→学习目标→学习引导→行业知识→实战案例→拓展训练→AI 辅助设计→课后练习"的讲解结构，以 Photoshop 为核心工具，涵盖 8 个主流设计领域，并巧妙结合 AI 工具进行辅助设计，旨在培养读者的设计思维，强化读者的综合设计能力。

全书共 11 章。第 1 章为平面设计基础知识；第 2 章为 Photoshop 基础知识；第 3～10 章分别讲解卡片设计、标志设计、广告设计、海报设计、包装设计、书籍装帧设计、界面设计、电商视觉设计的行业知识和实战案例；第 11 章为综合案例，旨在帮助读者深入理解不同行业的设计需求和应用场景，提升读者的设计水平和实战能力。

本书可作为高等院校和职业院校平面设计类课程的教材，也可作为平面设计初学者、爱好者和平面设计从业人员的参考用书。

◆ 主　　编　赵志芳　甘　忆

　　副 主 编　王晓雷

　　责任编辑　张　蒙

　　责任印制　胡　南

◆ 人民邮电出版社出版发行　　北京市丰台区成寿寺路 11 号

　　邮编　100164　　电子邮件　315@ptpress.com.cn

　　网址　https://www.ptpress.com.cn

　　北京宝隆世纪印刷有限公司印刷

◆ 开本：787×1092　1/16

　　印张：14　　　　　　　　　　　2025 年 4 月第 1 版

　　字数：373 千字　　　　　　　2025 年 8 月北京第 2 次印刷

定价：79.80 元

读者服务热线：**(010)81055256**　印装质量热线：**(010)81055316**

反盗版热线：**(010)81055315**

# PREFACE 前言

平面设计作为一种视觉传达艺术，不仅为人们的日常生活带来了视觉上的美感与享受，更在信息传播、文化交流和商业推广等方面发挥着不可替代的作用，无论是网页、广告，还是产品包装，都离不开平面设计的创意巧思。随着科学技术的不断发展，平面设计的工具与手段不断推陈出新，特别是人工智能技术的发展使得平面设计有了更多的可能性。在这样的背景下，设计人员唯有不断学习、实践与创新，才能突破传统的设计思维，实现科技与艺术的结合，开拓出设计的新思路。

基于此，我们编写了本书。本书以行业需求为导向，以培养德技双馨的高技能人才为目标，力求通过详细讲解设计知识和展示丰富的设计案例，引导读者掌握前沿设计技能，不断寻求创新与突破，更好地提升专业技能，为建设科技强国、人才强国而奋斗。

## ▍本书特色

● **学习目标+学习引导，轻松指明学习方向**。本书各章（第11章除外）开头设有知识目标、技能目标和素养目标，旨在帮助读者厘清学习思路；接着设置了学习引导，引导读者高效预习，明确主要内容及重难点知识，科学提炼学习方法和技能要点；同时提供学时建议和技能提升指导，以激发读者的学习兴趣。

● **行业知识+实战案例，深入理解行业应用**。本书涵盖卡片设计、标志设计、广告设计、海报设计、包装设计、书籍装帧设计、界面设计、电商视觉设计等主流行业，以行业理论知识引导读者学习，按照"案例背景→设计思路→操作要点→步骤详解"的设计流程，让读者深入体验商业案例的具体设计过程，充分理解并掌握行业案例的设计与制作方法。

● **Photoshop+AI工具，结合科技高效创新**。本书以平面设计中广泛应用的Photoshop 2024为蓝本，充分考虑Photoshop的功能和操作的难易程度，在案例中归纳操作要点并提供操作视频，同时附有Photoshop教程电子书，供读者扫码自学、巩固软件的使用方法。另外，本书紧跟行业前沿设计趋势，讲解常用AI工具的技术原理、使用方法，并提供AI生成商业案例的演示示例，让读者能够实际体会AI工具在平面设计中的应用，从而拓展读者的设计思维，提升读者的创新能力。

● **拓展训练+课后练习，巩固并强化平面设计能力**。本书第3～10章设有拓展训练和课后练习。拓展训练提供完整的实训要求，并展示操作思路，让读者举一反三、同步训练；课后练习通过填空题、选择题、操作题帮助读者进一步巩固所学知识。

● **设计思维+技能提升+素养培养，培养高素质专业型人才。**本书在正文讲解中适当融入"设计大讲堂"栏目，阐述设计规范、设计理念、设计思维、设计趋势、前沿信息技术等内容，培养读者的设计思维，提升其专业能力；还适当融入"操作小贴士"栏目，提升读者的软件操作技能。此外，实战案例在考虑商业性的情况下，融入家国情怀、工匠精神、文化传统、开拓创新等元素，旨在培养读者文化自信，主动承担传承、创新、发展中华优秀文化的重任。

## 资源支持

本书附赠丰富的配套资源和拓展资源，读者可使用手机扫描书中的二维码获取对应资源，也可以登录人邮教育社区（www.ryjiaoyu.com）获取相关资源。

素材文件与效果文件使用说明：本书所有案例的素材文件和效果文件均已归类整理至以节号及案例名称命名的文件夹中并分章存储（详见配套资源），以便读者查找和使用。

编　者

2025年3月

# CONTENTS 目录

## 第1章
001 ——— 平面设计基础知识

1.1 平面设计基础 ..................... 002
  1.1.1 平面设计的基本概念 ..........002
  1.1.2 平面设计的工作流程..........003
  1.1.3 平面设计的常用工具 ..........003
  1.1.4 AI 时代下平面设计的发展
      趋势 ..........................005

1.2 平面设计的专业术语 ................. 006
  1.2.1 像素与分辨率 ..................006
  1.2.2 位图与矢量图..................006
  1.2.3 常见颜色模式 ..................007
  1.2.4 常用图像文件格式............008

1.3 平面设计的基本要素 ................. 008
  1.3.1 点、线、面 ..................009
  1.3.2 色彩..........................010
  1.3.3 图像..........................014
  1.3.4 文字..........................015
  1.3.5 版式..........................016

1.4 平面设计的应用领域 .................018
  1.4.1 卡片设计......................018
  1.4.2 标志设计......................018
  1.4.3 广告设计......................019
  1.4.4 海报设计......................019
  1.4.5 包装设计......................020
  1.4.6 书籍装帧设计..................020
  1.4.7 界面设计......................020
  1.4.8 电商视觉设计..................021

1.5 课后练习 ......................... 022

## 第2章
023 —— Photoshop 基础知识

2.1 熟悉 Photoshop..................... 024
  2.1.1 Photoshop 的工作界面 .....024
  2.1.2 Photoshop 的基本操作 .....026

2.2 使用图层 ......................... 027
  2.2.1 "图层"面板 ..................027
  2.2.2 图层的基本操作 ..............028
  2.2.3 变换图像 ....................028
  2.2.4 图层样式 ....................029

2.3 选区与绘制 ....................... 030
  2.3.1 创建选区 ....................030
  2.3.2 编辑选区 ....................031
  2.3.3 绘制图像 ....................031
  2.3.4 绘制矢量图形 ................032

2.4 调整与修复图像 ..................... 033
  2.4.1 图像调色 ....................033
  2.4.2 修复图像 ....................034
  2.4.3 修饰图像 ....................035

2.5 合成图像 ......................... 036
  2.5.1 添加文字 ....................036
  2.5.2 添加蒙版 ....................037
  2.5.3 应用通道 ....................038
  2.5.4 应用滤镜 ....................039

2.6 课后练习 ......................... 040

# 第 3 章

042 —————————— 卡片设计

## 3.1 行业知识：卡片设计基础 ........... 044
3.1.1 卡片设计的类型及内容 .......044
3.1.2 卡片设计的尺寸规范 ..........045
3.1.3 卡片设计的颜色规范 ..........046

## 3.2 实战案例：设计律师事务所名片 .. 047
3.2.1 制作名片正面 ...............047
3.2.2 制作名片背面和名片实体化
效果 .....................050

## 3.3 实战案例：设计母婴店会员卡 .... 050
3.3.1 抠取母婴用品图像 .............051
3.3.2 制作会员卡背景 .............052
3.3.3 输入文字并制作实体化
效果 .....................053

## 3.4 拓展训练 ..................... 054
实训1 设计环保公司名片 ............054
实训2 设计民宿会员卡 .............055

## 3.5 AI 辅助设计 ..................... 056
通义千问 生成生日贺卡插图 .........056
通义万相 设计教师节贺卡背景 .....057

## 3.6 课后练习 ..................... 059


# 第 4 章

061 —————————— 标志设计

## 4.1 行业知识：标志设计基础 ........... 063
4.1.1 标志的构成 .................063
4.1.2 标志的类型 .................063
4.1.3 标志设计的常见尺寸 .........065
4.1.4 标志的组合应用 .............065
4.1.5 标志设计的创意表现手法....067

## 4.2 实战案例：设计金融企业标志 .... 068
4.2.1 绘制企业标志图形 .............069
4.2.2 添加企业名称 .................070
4.2.3 制作企业标志应用场景 .......071

## 4.3 实战案例：设计茶叶品牌标志 .... 072
4.3.1 设计品牌图形 ...............073
4.3.2 设计品牌文字 ...............074
4.3.3 变化标志样式并应用 .........075

## 4.4 拓展训练 ..................... 076
实训1 设计房地产企业标志 ........076
实训2 设计城市形象标志 .........077

## 4.5 AI 辅助设计 ..................... 078
文心一言 获取运动会会徽设计
灵感 .....................078
Midjourney 用 MX 绘画模式生成
会徽 .....................078

## 4.6 课后练习 ..................... 080


# 第 5 章

082 —————————— 广告设计

## 5.1 行业知识：广告设计基础 ........... 084
5.1.1 常见广告类型的设计要点....084
5.1.2 广告创意表现方法 .............086

## 5.2 实战案例：设计房地产灯箱广告 .. 089
5.2.1 合成广告背景 .................090
5.2.2 添加广告信息 .................091

## 5.3 实战案例：设计节气开屏广告 .... 092
5.3.1 绘制节气图像 ...............093
5.3.2 添加节气信息 ...............095

## 5.4 拓展训练 ..................... 096
实训1 设计招生宣传单 ............096
实训2 设计节能地铁广告 .........097

## 5.5 AI 辅助设计 ..................... 098
文心一言 编写广告文案 ............098
文心一格 设计产品广告 ............099

## 5.6 课后练习 ..................... 100

# 第6章

102 ——————————— 海报设计

## 6.1 行业知识：海报设计基础 ............104
- 6.1.1 海报的常见类型 ................104
- 6.1.2 海报设计构图 ...................105

## 6.2 实战案例：设计节约用水公益海报 ..........108
- 6.2.1 设计海报图像 ...................109
- 6.2.2 制作文字效果 ...................111

## 6.3 实战案例：设计品牌商业海报 ......111
- 6.3.1 抠取半透明婚纱 ................112
- 6.3.2 布局海报图像和品牌信息....114

## 6.4 实战案例：设计电影创意海报 .....115
- 6.4.1 制作片名特效...................116
- 6.4.2 完善海报画面...................117

## 6.5 拓展训练 ......................... 117
- 实训1 设计爱心公益海报............117
- 实训2 设计新品上市商业海报.....118
- 实训3 设计水墨风画展海报 ........119

## 6.6 AI 辅助设计 .....................120
- 文心一言 生成水墨风长城海报 .....120
- 文心一格 设计科幻电影海报........121

## 6.7 课后练习 .........................122

# 第7章

124 ——————————— 包装设计

## 7.1 行业知识：包装设计基础 ............126
- 7.1.1 包装图形创意 ...................126
- 7.1.2 包装文字创意 ...................127
- 7.1.3 包装版式编排 ...................128

## 7.2 实战案例：设计月饼礼盒包装 .....130
- 7.2.1 制作外包装平面图 ............132
- 7.2.2 制作内包装平面图............133

## 7.2.3 制作包装盒立体效果..........135

## 7.3 实战案例：设计蜂蜜罐包装........136
- 7.3.1 设计包装背景 ...................137
- 7.3.2 绘制包装插画 ...................138
- 7.3.3 制作蜂蜜罐包装立体效果....139

## 7.4 拓展训练 .........................140
- 实训1 设计酱油瓶包装 ............140
- 实训2 设计茶叶包装盒和包装袋...141

## 7.5 AI 辅助设计 .....................142
- Vega AI 设计护肤品包装......142
- IPensoul 绘魂 设计牛奶包装盒 .....143

## 7.6 课后练习 .........................143

# 第8章

146 ——————————— 书籍装帧设计

## 8.1 行业知识：书籍装帧设计基础......148
- 8.1.1 书籍装帧设计的开本尺寸....148
- 8.1.2 书籍装帧设计的主要内容....149
- 8.1.3 书籍装帧版式设计 .............151

## 8.2 实战案例：设计文艺类书籍装帧 ...152
- 8.2.1 制作书籍装帧图像 ............154
- 8.2.2 输入书籍装帧文字 ............155
- 8.2.3 制作书籍装帧立体效果.......156

## 8.3 实战案例：设计旅游画册装帧 .....158
- 8.3.1 调整旅游图像色彩 ............159
- 8.3.2 制作画册封面和内页 .........160

## 8.4 拓展训练 ......................... 161
- 实训1 设计地理杂志封面 ...........161
- 实训2 设计儿童读物书籍装帧 .....162

## 8.5 AI 辅助设计 .....................163
- 美图云修 Pro AI 调色和一键换天空 ...........163
- Midjourney 用 MJ 绘画模式生成书籍插图 ...............164

## 8.6 课后练习 .........................165

# 第9章

167 —————————— 界面设计

## 9.1 行业知识：界面设计基础............169
9.1.1 界面设计的常见类型..........169
9.1.2 界面元素设计规范.............171

## 9.2 实战案例：设计阅读类 App
界面................................172
9.2.1 设计界面图标.................174
9.2.2 制作主页界面.................175
9.2.3 制作书架页界面.............177

## 9.3 实战案例：设计企业官方网站
界面................................178
9.3.1 设计首页界面.................181
9.3.2 设计内页界面.................184

## 9.4 拓展训练.................................185
实训1 设计家居 App 界面..........185
实训2 设计旅游网站界面...........186

## 9.5 AI 辅助设计.............................187
神采 PromeAI 设计音乐 App
图标.............................187
IPensoul 绘魂 设计音乐 App
界面.............................188

## 9.6 课后练习.................................189

# 第10章

191 —————————— 电商视觉设计

## 10.1 行业知识：电商视觉设计基础....193
10.1.1 电商视觉设计规范...........193
10.1.2 电商视觉设计要点...........194

## 10.2 实战案例：设计手提包主图.......195
10.2.1 抠取并修饰手提包...........195

10.2.2 批量调整主图大小和添加
水印.............................196

## 10.3 实战案例：设计运动鞋详情页
焦点图..........................197
10.3.1 抠取运动鞋.................198
10.3.2 修复鞋面污点并制作
焦点图.........................199

## 10.4 拓展训练.................................201
实训1 设计沙发人群推广图........201
实训2 设计电器网店店招...........201

## 10.5 AI 辅助设计.............................202
创客贴 AI 设计年货节电商海报.....202
稿定 AI 设计耳机产品营销图.....203
图可丽 批量生成电商白底图.....204

## 10.6 课后练习.................................205

# 第11章

206 —————————— 综合案例

## 11.1 电动汽车企业项目设计.............207
11.1.1 设计汽车企业标志...........207
11.1.2 设计汽车企业员工名片.....208
11.1.3 设计汽车企业官网界面.....209

## 11.2 农产品品牌项目设计.................211
11.2.1 设计促销活动 Banner......211
11.2.2 设计农产品主图.............212
11.2.3 设计农产品详情页...........212
11.2.4 设计农产品包装.............213

## 11.3 文化创意产业项目设计.............214
11.3.1 设计《非遗之美：皮影戏》
书籍装帧.......................214
11.3.2 设计工匠精神开屏广告.....215
11.3.3 设计《烈火英雄》电影
海报.............................216

# 第1章

## 平面设计基础知识

平面设计涵盖标志设计、广告设计、海报设计，以及界面设计等多个领域，凭借独特的艺术表现力和文化内涵，深刻影响着人们的情感世界与价值观念。同时，平面设计作为服务于现代商业的一种艺术形式，还承担着连接企业、商品与消费者的重任。总的来说，平面设计是一门综合了艺术与技术的学科，要想在平面设计领域有所建树，需要先了解相关的基础知识。

### 学习目标

▶ **知识目标**

◎ 了解平面设计的基本概念、工作流程、发展趋势、专业术语。
◎ 了解平面设计的应用领域。

▶ **技能目标**

◎ 熟悉平面设计的常用工具。
◎ 学会运用平面设计的基本要素。
◎ 能够从专业的角度分析平面设计作品。

▶ **素养目标**

◎ 培养平面设计兴趣，提升审美能力，拓展设计视野。
◎ 巩固平面设计理论基础，培养乐于钻研的精神。

 学习引导

**STEP 1 相关知识学习**　　　　　　　　　　　　　建议学时：　3　学时

| 课前预习 | 1. 扫码了解平面设计发展史，以及著名平面设计师的设计理念、风格和作品，建立对平面设计的基本认识和审美。<br>2. 上网搜索各行各业的平面设计作品，通过赏析这些作品，加深对平面设计的认识。 | 课前预习<br> |
|---|---|---|
| 课堂讲解 | 1. 平面设计的基本概念、工作流程、常用工具、发展趋势。<br>2. 平面设计的专业术语、基本要素及应用领域。 | |
| 重点难点 | 1. 学习重点：点、线、面、色彩、图像、文字、版式等平面设计基本要素，尤其是色彩对比、色彩搭配、文字字体选择与文字排列、版式设计原则。<br>2. 学习难点：平面设计的常用工具，平面设计作品的赏析。 | |

**STEP 2 技能巩固与提升**　　　　　　　　　　　　建议学时：　1　学时

| 课后练习 | 通过填空题、选择题巩固平面设计基础知识，通过分析题提升设计素养、鉴赏能力与审美水平。 |
|---|---|

# 1.1 平面设计基础

平面设计作为艺术设计领域的基石，具有深厚的底蕴、广泛的应用领域，以及创新多元的发展趋势，这也使它成为创意表达与信息传递的重要工具。

## 1.1.1 平面设计的基本概念

"平面设计"一词源自英文"Graphic Design"，由美国现代平面设计家威廉·艾迪生·德威金斯（William Addison Dwiggins）于1922年提出。此后，"平面设计"逐渐成为国际设计界认可的专用名词。

平面设计又称视觉传达设计，是一种通过创造性地组合图像、图形、文字、字体、色彩等视觉元素，达到引导视线、传递信息、表达情感和展示个性目的的艺术形式。平面设计作品不仅应具备视觉上的美观性，还应具备实用性和功能性。在平面设计过程中，设计人员需要先进行策略性规划和缜密思考，再进行表现形式的创意设计，最终确保信息能够精准、有效地传达给目标受众。

**设计大讲堂**

平面设计要求设计人员具备多种专业技能和宽阔的文化视野，丰富的知识储备和不竭的创新思维，以及敏锐的洞察力与解决问题的能力。此外，设计人员要有一定的社会责任感，密切关注作品的社会反响，致力于创作出既有益于社会，又能提升大众审美水平的设计作品，为人们带来心灵上的愉悦感与满足感。

## 1.1.2　平面设计的工作流程

平面设计是一个经过精心规划和逐步实施的过程，设计人员经过前期沟通明确设计要求后，要仔细研究设计主题，反复推敲设计构思并形成方案，基于客户反馈渐进式地完善设计作品。平面设计的工作流程大致如下。

● **确定设计目标和需求**。这是整个设计流程的起点，设计人员需要与客户或团队成员进行深入沟通，明确设计的主题、受众、所要传达的核心信息，以及期望达到的效果。

● **研究和收集资料**。进行相关的市场调查，以及一系列的研究工作，涉及的内容包括客户背景、行业趋势、竞争对手的设计案例、受众喜好等。在这个过程中，可通过参观相关的设计展览、浏览设计网站和杂志，以及收集各种素材，为接下来的创意构思提供灵感和参考。

● **创意构思与草图设计**。思考如何通过图形、文字、色彩等视觉元素表现设计主题，如何准确、全面地将信息传达给目标受众。尝试不同的排版、色彩和图文组合，通过手绘或使用设计软件，将创意可视化为多个版本的草图。

● **审查和修改设计方案**。从备选草图中选择2～3个方案，供客户选择。根据客户的反馈，对设计方案进行必要的调整和改进，以满足客户的期望和需求。审查和修改可能会反复进行多次，设计人员应保持积极、耐心和认真的工作态度。

● **制作设计作品**。基于已确认的草图，运用计算机软件或手绘方式进行细节实现，包括精细调整排版、色彩和图形元素，确保设计的整体效果和细节都符合预期，让作品内容更丰富、细节更完整。

● **审查、修改和定稿**。将设计作品交付于客户，并自行检查作品的每个细节，确保没有遗漏或错误，可能需要再根据客户的反馈进行多次修改，从而确定最终的设计效果，即得到终稿。

● **上传发布或印刷制作**。仔细检查终稿的图形、字体、色彩、编排、比例等，做到无错字、无歧义、图像清晰、整体效果协调。有时客户会要求将作品发布到网上，或提交给印刷厂印刷。若要印刷，则需要注意作品的文件格式是否能展现最佳设计效果。

## 1.1.3　平面设计的常用工具

数字化时代，创意与技术的深度融合正推动着平面设计领域不断革新。除了那些以性能稳定和功能丰富著称的设计软件（用以满足平面设计日常的基本需求）外，智能化、高效化的AI（Artificial Intelligence，人工智能）工具不断涌现，这些工具能够帮助设计人员高效设计，为设计增添创意。

- ● Adobe Photoshop。Adobe Photoshop是Adobe公司旗下的一款图像处理软件，主要用来处理以像素构成的数字图像，可以完成抠图、修图、调色、图像合成等操作。图1-1所示为使用Photoshop设计的海报。

- ● Adobe Illustrator。Adobe Illustrator是Adobe公司开发的一款矢量绘图软件，被广泛应用于各行各业的矢量绘图，在图形绘制、图形优化及艺术处理等方面具有强大的处理能力。图1-2所示为使用Illustrator设计的插画。

- ● Adobe InDesign。Adobe InDesign是用于印刷和数字媒体版面和页面设计的软件，是专业的图文排版软件。它可用于设计专业、高品质的传单、广告单、信签、手册、外包装封套、新闻稿、图书、PDF文档和HTML网页等。图1-3所示为使用InDesign设计的图书内页。

图1-1　使用Photoshop
设计的海报

图1-2　使用Illustrator
设计的插画

图1-3　使用InDesign设计的
图书内页

**设计大讲堂**

　　设计人员如果熟练掌握Photoshop、Illustrator、InDesign等Adobe系列软件，并具备一定的创意能力、视觉设计能力与团队协作能力，熟悉平面设计和数字图像处理行业标准和规范，则可报考Adobe国际认证（这是Adobe公司推出的权威性国际认证，在平面设计行业具有一定的影响力）。Adobe中国认证平面设计师证书足以证明其拥有者在平面设计和数字图像处理方面的技能和知识达到了专业水平。

- ● CorelDraw。CorelDraw是Corel公司出品的一款平面设计软件，被广泛应用于矢量图形绘制、排版、网页制作、位图编辑和网页动画制作等领域。图1-4所示为使用CorelDraw设计的产品包装。

- ● AI工具。AI是一种模拟人类智能的技术，旨在赋予计算机以类似于人类思维决策和执行任务的能力。平面设计领域的AI工具主要有AI写作和AI绘画两类，能够帮助设计人员快速获取灵感、梳理设计思路、撰写文案，以及智能编辑图片、以文生图、以图生图等。图1-5所示为使用AI工具设计的平面作品。

图1-4　使用CorelDraw设计的产品包装　　　　图1-5　使用AI工具设计的平面作品

### 1.1.4　AI时代下平面设计的发展趋势

在AI技术迅猛发展的今天，平面设计领域正迎来新的机遇与挑战，其发展趋势呈现多样化、个性化、交互性、可持续性和创新性等特点。在这种环境下，设计人员不仅需要不断学习新的平面设计技术和理念，以应对不断变化的市场需求，还要积极承担社会责任和义务，推动平面设计行业持续发展。

● **AI辅助设计成为常态**。AI能够激发创意、分析设计需求、提高设计效率，因此在平面设计中的应用越来越广泛，从创意生成到图像处理、排版设计、字体匹配等各个环节都能看到AI的身影。许多专业的设计软件和平台也都增加了AI功能，这就要求设计人员掌握一定的AI技术。随着AI技术的发展，院校教育更加注重创新精神与技术应用能力的综合培养，以适应AI辅助设计的趋势。

● **个性化设计需求增加**。AI可以通过大数据分析用户的喜好、需求和反馈，更准确地把握用户心理和设计趋势，生成符合个性化需求的设计方案。设计人员再利用AI生成的个性化设计方案和创意元素，结合自身的创意，创作出更具个性和独特性的设计作品。

● **设计作品的交互性和动态性增强**。通过AI技术与其他技术［如增强现实（Augmented Reality，AR）］的结合，平面设计作品不再局限于静态展示，可融入更多的交互性和动态性，使用户与设计作品进行互动和反馈，提升用户的参与感和体验感。

● **对创意和设计质量的要求变高**。在AI辅助成为常态的背景下，设计人员需要更加注重设计的独特性和创新性，侧重于策略性思考、深度定制及挖掘文化内涵，以区别于AI生成的其他同质化内容，维持设计作品的独特价值与艺术魅力。

● **设计门槛与设计成本降低**。传统的平面设计需要专业的技能和经验，而AI技术则可以通过智能算法和模板，让非专业人士也能够快速生成高质量的设计作品，还能降低设计成本，精简烦琐的制作流程，让设计人员有更多的时间和精力去关注作品本身的创意。

● **设计行业的跨界融合创新**。AI时代，平面设计领域开始与其他行业进行跨界合作和创新探索，如与大数据、物联网等行业结合，平面设计有了更加广阔的发展空间。例如，杭州亚运会开幕式的"数字火炬手"便是用AI和大数据行业的AR、三维建模、实时数据处理等技术实现的，即将用户的数字身份转化为动态、交互的立体形象，实现了艺术与技术的深度融合，拓宽了平面设计的边界。

**设计大讲堂**

随着数字化、网络化、智能化的深入发展，AI技术将在各个领域和行业发挥越来越重要的作用，包括但不限于医疗、教育、交通、娱乐。同时，AI技术也引发了一些法律法规、伦理、行业准则等方面的问题和争议，设计人员在使用AI技术时，必须严格遵守《中华人民共和国网络安全法》等相关法律，严禁利用AI技术生成涉及政治人物、色情、恐怖等违反法律法规、损害社会公共利益，甚至引发社会不稳定的不良内容。

## 1.2　平面设计的专业术语

虽然AI的发展使得"人人"参与设计成为可能，但平面设计仍是一个专业性较强的领域，设计人员需要了解像素和分辨率，以及不同类型的图像、颜色模式在平面设计中的应用，熟悉不同文件格式对设计作品输出的影响。

### 1.2.1　像素与分辨率

像素和分辨率是两个密不可分的重要概念，它们共同决定了图像的数据量，同时也与图像的清晰度密切相关。

● 像素。像素（Pixel，px）是构成位图的最小单位，每个像素在位图中都有自己的位置，并且包含一定的颜色信息。单位面积内的像素越多，颜色信息越丰富，图像视觉效果就越好，图像文件也就越大。

● 分辨率。分辨率是指单位长度上的像素数目，单位通常为"像素/英寸"和"像素/厘米"，分辨率越高，图像包含的像素就越多，图像也就越清晰。

**操作小贴士**

分辨率越高，图像文件通常越大，因此在传输时，其传输速度也就越慢。一般用于屏幕和网络显示的图像，分辨率可以设置为72像素/英寸；用于喷墨打印机打印时，可以设置为100～150像素/英寸；用于写真或印刷时，可设置为300像素/英寸。分辨率的高低不是绝对的，当图像文件足够大时，可以适当降低分辨率，避免图像文件过大影响正常操作和文件传输速度。如一幅300厘米×150厘米的灯箱广告，其分辨率设置为72像素/英寸与设置为300像素/英寸的输出效果相差不大。

### 1.2.2　位图与矢量图

计算机中显示的图像一般可以分为两大类，即位图和矢量图，它们各有各的特点和用途。

● 位图。通过相机、手机等设备拍摄的图像通常被称为位图，也叫点阵图，是由多个像素组成的。位图能逼真地显示物体的光影和色彩，是平面设计的主要构成要素。位图单位面积内像素越多，分辨率就越高，文件就越大，图像效果就越好。Photoshop便是常用的位图处理软件。图1-6所示为西瓜位图的原图及放大后的效果，当位图放大到一定程度后，图像将模糊不清。

● 矢量图。矢量图又称向量图，是指由计算机指令生成的点和线所构成的图形，构成这些图形的点和线被称为对象。每个对象都是单独的个体，具有大小、方向、轮廓、颜色和位置等属性。由于矢量图被放大或缩小时清晰度不受影响，且文件小，因此适用于高分辨率印刷。图1-7所示为西瓜矢量图的原图及放大后的效果。

图1-6 西瓜位图的原图及放大后的效果　　　　图1-7 西瓜矢量图的原图及放大后的效果

### 1.2.3 常见颜色模式

图像颜色模式决定了图像色彩的显示效果，也决定了图像文件在计算机中显示或输出的方式。常见的图像颜色模式有以下8种。

● 灰度模式。在灰度模式的图像中，每个像素都有一个0（黑色）～255（白色）的亮度值。当彩色图像转换为灰度模式时，图像的色相及饱和度信息将会丢失，只保留亮度与暗度信息，得到纯正的黑白图像。

● 位图模式。位图模式是指用黑色、白色两种颜色来表示图像的颜色模式，适用于制作艺术样式和单色图形。只有处于灰度模式下的图像才能转换为位图模式，并且颜色信息将会丢失，只保留亮度信息。

● 双色调模式。双色调模式是指用灰度油墨或彩色油墨来渲染灰度图像的颜色模式。双色调模式采用2～4种彩色油墨混合其色阶（色阶是表示图像亮度强弱的指数标准）来创建由双色调、三色调及四色调混合色阶组成的图像。

● 索引颜色模式。索引颜色模式是指系统预先定义好一个含有256种典型颜色的颜色对照表，当将彩色图像转换为索引颜色模式时，系统会将该图像的所有色彩映射到颜色对照表中，如果彩色图像中的颜色在颜色对照表中没有对应颜色来表现，则系统会从颜色对照表中挑选出最接近的颜色来表现。因此，索引颜色模式通常被当作存放彩色图像中的颜色并为这些颜色创建颜色索引的工具。

● RGB颜色模式。RGB颜色模式是指由红色、绿色、蓝色3种颜色（即RGB三基色）按不同的比例混合出其他颜色的颜色模式，是最常用的颜色模式之一。

● CMYK颜色模式。CMYK颜色模式是印刷时使用的颜色模式，由Cyan（青色）、Magenta（洋红色）、Yellow（黄色）和Black（黑色）4种颜色按不同的比例混合出其他颜色。为了避免和RGB三基色中的Blue（蓝色）混淆，其中的黑色用K表示。若在

RGB颜色模式下制作的图像需要印刷，则必须将其转换为CMYK颜色模式。

- **Lab颜色模式**。Lab颜色模式由RGB三基色转换而来，它将明暗和颜色数据信息分别存储在不同位置。修改图像的亮度并不会影响图像的颜色，调整图像的颜色同样也不会破坏图像的亮度，这是Lab颜色模式在调色中的优势。在Lab颜色模式中，L指明度，表示图像的亮度，如果只调整明暗度，可只调整L通道；a表示由绿色到红色的光谱变化；b表示由蓝色到黄色的光谱变化。

- **多通道模式**。多通道模式下图像包含多种灰阶通道。将图像转换为多通道模式后，系统将根据原图像产生一定数目的新通道，每个通道均由256级灰阶组成。在进行特殊打印时，使用多通道模式可以降低印刷成本，并保证图像颜色的正确输出。

### 1.2.4　常用图像文件格式

不同的文件格式在实际应用中存在较大区别，设计人员应根据作品用途选择合适的格式。

- **PSD（\*.psd）**：Photoshop软件默认的文件格式，是唯一支持全部图像颜色模式的格式。以PSD格式保存的图像文件包含图层、通道、颜色模式等信息。

- **TIFF（\*.tif、\*.tiff）**：一种灵活的位图格式，支持RGB、CMYK、Lab、位图和灰度等颜色模式，而且RGB、CMYK和灰度等颜色模式支持Alpha通道的使用。

- **BMP（\*.bmp、\*.rle、\*.dib）**：Windows操作系统中标准的位图文件格式，支持RGB、索引颜色、灰度和位图等颜色模式，但不支持Alpha通道。

- **GIF（\*.gif）**：CompuServe公司提供的一种格式，此格式可以进行LZW（一种无损压缩编码）压缩，从而使图像文件占用较少的磁盘空间。

- **EPS（\*.eps）**：一种可在Illustrator和Photoshop之间进行交换的文件格式，常用于绘图和排版。该格式的图像可以在排版软件中以较低的分辨率预览，在打印时以较高的分辨率输出。它支持所有的颜色模式，但不支持Alpha通道。

- **JPEG（\*.jpg、\*.jpeg、\*.jpe）**：最常用的图像文件格式之一，支持RGB、CMYK和灰度等颜色模式，主要用于图像预览和网页。以JPEG格式保存时图像会被压缩，图像文件相对较小，会丢失部分不易察觉的色彩。

- **PDF（\*.pdf、\*.pdp）**：Adobe公司用于Windows、macOS、UNIX和DOS的一种电子出版格式，可存储文字、图形、图像、版式以及与印刷设备有关的内容，并且在传输时保持页面元素不变。

- **PNG（\*.png）**：一种采用无损压缩算法的格式，用于在互联网上进行无损压缩和显示图像。与GIF格式不同的是，PNG支持24位图像，产生的透明背景没有锯齿边缘。PNG格式支持带一个Alpha通道的RGB颜色模式和灰度模式，用Alpha通道来定义文件中的透明区域。

## **1.3** 平面设计的基本要素

在平面设计中，点、线、面是二维平面的基本构成元素，色彩赋予情感，图像传递直观视觉印象，文字负责传达深层信息，版式则巧妙地编排这些元素，它们和谐共生，共同营造视觉效果。

### 1.3.1　点、线、面

通常来说，对点、线、面的识别与界定，主要是依据画面中元素的具体形态在整个空间中的作用。

#### 1. 点

在平面设计中，点是一个相对的概念，在对比中存在，在当前画面中占据相对较小面积的可以称为点，既包括圆点、方点、三角点等规则的点，又包括锯齿点、雨点、泥点、墨点等不规则的点，画面中相对较小的文字、图形、色块等也可以视为点。

点具有凝聚视线的作用，可以使画面显得合理、舒适、灵动且富有冲击力。而且可以通过叠加、堆积、聚合的方式对点进行编排和组合，使画面具有韵律感。以点为主的平面设计如图1-8所示。

#### 2. 线

点与点连接形成线，线是点移动的轨迹，其在平面设计中不仅有位置、长度、方向，还有宽度、厚度等属性。线也可以是用笔或其他工具画出的相对细长的痕迹，还可以是物象的边缘和轮廓。线具有优美和简洁的特点，经常用于聚焦视线、渲染、引导、串联或分割画面。线主要分为水平线、垂直线、斜线、曲线等形态，不同形态的线所表达的情感不同。

- 水平线，可使人联想到风平浪静的水面、平坦的原野、地平线和横放的物体等，给人以平静、安宁、沉稳和向两边伸延的感觉。
- 垂直线，可使人联想到笔直的树、拔地而起的建筑物、高耸的山峰等，给人以挺拔、刚毅，以及向下垂和向上伸延的感觉。
- 斜线，易使人联想到倾斜前冲的物体，表现出一种力量美，冲击力强，有很强的方向感和速度感，可以表现快速、紧张和活力四射的感觉。以斜线为主的平面设计如图1-9所示。此外，斜线具有不稳定感，易让人感到变化的存在。
- 曲线，灵动流畅，根据长度、粗细、形状的不同，常给人以柔软、温柔、优雅、流动、温和的感觉。

另外，粗线一般厚重、醒目、粗犷、有力；细线纤细、锐利、微弱。长线顺畅、连续、快速，有运动感；短线短促、紧张、缓慢，有迟缓感。

#### 3. 面

面是具有长度、宽度、方向、位置、摆放角度等属性的二维图形。在画面中，点占据一定面积就成了面，密集的点也可以形成面，线的平移、闭合、分割所产生的各种比例空间也可以形成面。面具有组合信息、分割画面、平衡和丰富空间层次、烘托与深化主题的作用。在平面设计中，面主要有几何形和自由形两种类型。

- 几何形。几何形是指有规律的，易于被受众所识别、理解和记忆的图形，包括圆形、矩形、三角形、菱形、多边形等，以及由线段组成的不规则几何要素。不同的几何形能给人不同的感觉，如矩形给人稳重、厚实与规矩的感觉；圆形给人充实、柔和、圆满的感觉，且圆形有很好的聚焦作用；正三角形给人坚实、稳定的感觉。

- 自由形。自由形来源于自然或灵感，比较洒脱、随意，可以营造淳朴、生动的视觉效果。以自由形为主的平面设计如图1-10所示。自由形可以是表达个人情感的各种手绘形态，也可以是由曲线弯曲而成的各种有机形态，还可以是因自然力（自然界中不受人为控制或干预的力量）形成的各种偶然形态。

 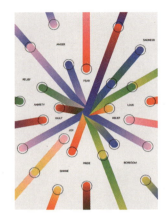 

图1-8　以点为主的平面设计　　图1-9　以斜线为主的平面设计　图1-10　以自由形为主的平面设计

点、线、面具有强烈的形式美感和视觉吸引力，当点、线、面的位置、大小、形状、疏密程度等达到协调统一后，可形成具有艺术美感和能够传递视觉语言的平面作品，如图1-11所示。

图1-11　由点、线、面组成的平面作品

## 1.3.2 色彩

色彩是一种通过眼睛感知、大脑处理并结合生活经验所产生的对光的视觉效应。人们对平面设计作品的感觉首先来自色彩，其次才是形状。色彩还是一种潜在的、有说服力的"隐形语言"，能表达情感、营造氛围，能传达信息、引导视线、吸引注意力，以及塑造视觉风格。

### 1. 色彩三要素

所有色彩都具有色相、明度、纯度3种属性，即色彩三要素。

- **色相**。色相是色彩的第一要素，它是能够准确表述色彩倾向的色别称谓（即颜色），也就是色彩的名称，如玫瑰红、湖蓝、土黄等。
- **明度**。明度是色彩的第二要素，指色彩的明暗程度，也称为亮度。同一色彩中添加的白色越多则越明亮，添加的黑色越多则越暗。色彩的明度会影响人们对物体轻重的判断，比如看到同样的物体，黑色或低明度的物体视觉感受会偏重，白色或者高明度的物体视觉感受会较轻。
- **纯度**。纯度也称为饱和度，是指色彩的鲜艳程度，颜色中含有的本色（组成自身颜色的色光）越多，纯度就越高；反之，则纯度越低。例如，大红和深红都是红色，但深红所含的本色（红色）要比大红所含的本色（红色）少，因此，深红的纯度要低于大红的纯度。高纯度的色彩会给人兴奋、鲜艳、明媚等感受，低纯度的色彩会给人舒适、低调、暗淡等感受。

### 2. 色彩对比

色彩组合后所产生的美或丑的视觉效果，主要取决于色彩对比的运用。色彩对比是两种或两种以上的色彩并置在一起时，视觉上的效果对比。这种对比能让色彩的特点和个性更加突出，主要包括色相对比、明度对比及纯度对比3种形式。

（1）色相对比

色相对比是指因色相的差别形成的对比。24色相环中不同位置的色彩对比类型各不相同，如图1-12所示。

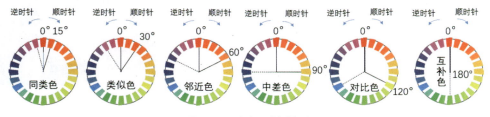

图1-12　色相对比关系

- **同类色对比**。同类色对比是指色相环中相距15°的颜色的对比，是同色系、不同明度颜色的对比，具有效果统一，画面平静、雅致、含蓄、稳重等特点。图1-13所示的包装设计运用了高明度和中明度的同一橙色系。
- **类似色对比**。类似色对比是指色相环中相距30°的颜色的对比，具有效果柔和、和谐、雅致、平静等特点。图1-14所示的专辑封面设计运用了橙红色与橙黄色的类似色对比。
- **邻近色对比**。邻近色对比是指色相环中相距60°的颜色的对比。邻近色对比既能保持画面的统一、和谐，同时又有色相上的变化。图1-15所示的杂志内页设计运用了黄色与橙红色的邻近色对比。
- **中差色对比**。中差色对比是指色相环中相距90°的颜色的对比。相较于邻近色对比，中差色对比显得更加活泼、跳跃。图1-16所示的包装设计运用了草绿色与深蓝色的中差色对比。

- **对比色对比。**对比色对比是指色相环中相距120°的颜色的对比，可以给人醒目、有力、活泼的感觉。图1-17所示的海报设计运用了红色与蓝色、黄色与蓝色的对比色对比。
- **互补色对比。**互补色对比指在色相环上相距180°的颜色的对比，色彩对比强烈、炫目，但可能过分刺激。图1-18所示的包装设计运用了红色与绿色的互补色对比。

图1-13　同类色对比

图1-14　类似色对比

图1-15　邻近色对比

图1-16　中差色对比

图1-17　对比色对比

图1-18　互补色对比

（2）明度对比

明度对比是指色彩明暗程度的对比，也称色彩的黑白度对比。色彩的不同明度能给人不同的感觉，高明度的色彩给人积极、热烈、华丽的感觉，中明度的色彩给人端庄、高雅、甜蜜的感觉，低明度的色彩给人神秘、稳定、谨慎的感觉。通常情况下，明度对比较强时，平面设计效果更加突出，更具有视觉展现力，如图1-19所示；而明度对比较弱时，平面设计效果会显得柔和单薄、形象不够明朗。

（3）纯度对比

纯度对比是指色彩鲜艳程度的对比，也称饱和度对比。低纯度的色彩视觉效果较弱，适合长时间观看；中纯度的色彩视觉效果较和谐、丰富，可以凸显包装的主次关系；高纯度的色彩视觉效果鲜艳明朗、富有生机，适合在短时间内抓住受众视线。在平面设计中，通常采用高纯度的色彩来突出主题，采用低纯度的色彩来表现次要部分。图1-20所示的包装设计采用高纯度的黄色、洋红色、红色、蓝紫色来突出不同的口味，统一采用低纯度的浅肤色来表达次要部分，提升整体性。

**设计大讲堂**

使用对比明显的多种色彩时，如果觉得视觉效果不协调、冲突性太强，可以进行色彩调和。如在色彩之间进行渐变融合，使色彩过渡更加自然；采用相差较大的色彩面积比例，一般明度或纯度越高的色彩在画面中所占的面积应越小，这样更容易达到和谐的效果；在对比较强的色彩之间添加无彩色（黑色、白色、灰色）将其隔开。

图1-19　明度对比

图1-20　纯度对比

### 3. 色彩搭配

为了保证平面设计作品的协调性与美观性，一般将画面中的色彩分为主色（约占70%面积）、辅助色（约占25%面积）和点缀色（约占5%面积）进行搭配。

● **主色**。主色是画面中面积较大、较受关注的色彩，决定了整个画面的风格和基调。主色不宜过多，一般控制在1~3种色彩，过多容易造成视觉疲劳。

● **辅助色**。辅助色在画面中所占面积需小于主色，是用于烘托主色的色彩。合理应用辅助色能丰富画面的色彩，使画面效果更美观、更有吸引力。

● **点缀色**。点缀色是指画面中面积较小、较醒目的一种或多种色彩。合理应用点缀色可以起到画龙点睛的作用，使画面富有变化。

对于图1-21所示的Banner，主色为蓝色，奠定了科技感的基调；辅助色为黄橙色和白色，黄橙色丰富背景层次，并通过与主色的对比突出蓝色的机器人主体，白色则用于突出Banner标题；其他小面积的橘红色、青色、紫红色等点缀色则让画面更活泼。

图1-21　Banner中的色彩搭配

### 1.3.3 图像

在平面设计中，图像能有效且迅速抓住人们的视线，往往能替代冗长的文字解释，更加直观、生动地传递平面设计作品的信息和形象，具有易传达、易识别和易记忆的特点。

图像一般可分为写实和抽象两大类，写实类图像主要有绘画作品、摄影作品等，抽象类图像主要由具有象征性、装饰性的点、线、面、几何形、符号等元素组成。平面设计中，常见的图像形式有以下几种，在实际设计过程中可以综合运用。

● **摄影型**：通过摄影设备捕捉现实世界影像所得的图像，可为设计提供真实、直接、可信的视觉元素，常用于产品展示、场景展示、人物肖像等主题设计。受摄影技术和设备的限制，摄影型图像可能无法完全满足设计人员的创意需求，因此，通常会在计算机上进行后期处理。图1-22所示为使用摄影型图像设计的作品。

● **绘画型**：包括手绘和计算机绘制两种形式。手绘图像是指通过传统绘画工具在纸、布或其他物体上创作的艺术作品，具有独特的艺术风格和表现力。计算机绘制则是利用计算机软件和硬件设备进行创作，可以实现更为精确和可控的视觉效果。在平面设计中，绘画型图像常常被用来表达创意、情感和营造氛围，使设计作品更加生动和有趣。图1-23所示为绘画型图像。

● **超现实合成型**：通过将不同来源（如真实模型制作、3D建模与渲染）的图像元素进行组合、融合和修改，生成具备超越现实世界的视觉效果的图像，常用于产品广告、活动宣传等领域，以及科幻、奇幻等主题，具有很强的创新性和视觉冲击力，能够让设计给人全新的视觉体验。图1-24所示为超现实合成型图像。

图1-22　使用摄影型图像设计的作品

图1-23　绘画型图像

图1-24　超现实合成型图像

### 1.3.4　文字

文字具有易读性和感知性的特点，在平面设计中起着承载和传达信息，以及表达思想感情的作用。文字既可以归纳平面设计作品的主题，起到画龙点睛的作用，又可以传达更多的意图和设计理念，起到完善和说明的作用。

#### 1. 文字字体选择

文字的字体选择直接影响平面设计作品的视觉传达效果，不同的字体具有不同的特征。

● **常用中文字体**。宋体，典雅大方、文艺端庄；仿宋体，挺拔纤细、优雅秀丽；黑体，稳重、现代化、简约厚重；圆体，饱满圆润、亲和、柔韧；隶书体，清秀、洒脱；楷体，严谨、平和；琥珀体，浑厚、可爱。

● **常用英文字体**。新罗马体（Times New Roman），一种衬线体，字母末端带有细小的装饰性笔画（即衬线），富有节奏感、条理性、传统感；线体（Arial），一种无衬线体，简洁有力、端庄大方；意大利体（Italic），具有倾斜的方向性动感，洒脱活泼；手写体，能根据手写者的风格进行自然变化，与画面配合较好时可产生优美的视觉效果。

#### 2. 文字排列

文字较多时，除了考虑字体的选择外，还要着重考虑文字的排列问题，选择协调的字距与行距，以及排列方式。

（1）字距与行距

字距是指相邻的两个文字之间的距离，行距是指相邻的两行文字之间的距离。通常字距和行距的常规比例为10：12，适当的行距会形成一条明显的水平空白带，引导人们的浏览目光。过窄的字距与行距会导致文字拥挤、不易识别，造成压抑的阅读体验、跳行错读的阅读状况；如果过宽，则会导致文字的连贯性不强，易造成阅读疲劳和不流畅等阅读状况。

（2）文字排列方式

不同的文字排列方式可以构建不同的视觉效果。文字的排列方式主要包括两端均齐、居中对齐、单边对齐3种。

● **两端均齐**。两端均齐是指竖排文字上端和下端对齐，横排文字左端和右端对齐，如图1-25所示。两端均齐可以让整体文字效果显得端正、严谨、美观，展现文案的稳重、统一和整齐。

● **居中对齐**。居中对齐是指将文字整齐地向画面中间集中，使文字都在画面中间显示，如图1-26所示，具有突出重点、集中视线的作用，可以牢牢抓住人们的视线。

● **单边对齐**。单边对齐是指竖排文字仅行首上对齐或行尾下对齐，横排文字仅行首左对齐或行尾右对齐，如图1-27所示。单边对齐效果比两端均齐效果更显灵活、生动，更符合人们的阅读习惯和审美。

图1-25 文字两端均齐　　　　图1-26 文字居中对齐　　　　图1-27 文字单边对齐

## 1.3.5 版式

版式即版面格式的综合体现，具体指版面的编排设计。平面设计中的版式设计是指将画面中的图形、文字和色彩等元素和谐地编排在一个版面上，从而引起受众的浏览兴趣和注意。优秀的版式设计不仅能够突出主题，还能使受众获得舒适的视觉享受。

### 1. 版式的视觉流程

视觉流程是指受众沿一定轨迹浏览设计作品的过程。良好的视觉流程可以给受众提供明确的视觉指引，引导受众跟随设计人员安排的顺序一步步浏览信息。一般来说，大众正常的浏览习惯是先左后右、先上后下、先重后轻、先前后后、先大后小、先强后弱、先长后短。

### 2. 版式设计原则

为了使设计作品的版面具有更好的视觉效果，达到提升品牌形象、促进商品销售、传播价值理念等目的，版式设计需要遵循以下原则。

- **统一与变化**。在变化中求统一、在统一中求变化，是版式设计最根本的要求，也是一切艺术形式美所遵循的基本原则。统一是将不同的要素有条理、有秩序地排列在一起，形成具有一致趋势的感觉。但若过分统一则容易使画面显得单调、死板，此时可以在统一中适当添加变化，如色彩、大小、方向、曲直、浓淡、肌理质感等的变化，使画面更加活泼生动、丰富多姿。图1-28所示的展览海报将大小统一的三角形按规律整齐排列，显得和谐有序。但设计人员为三角形设计了不同的渐变色彩，以及不同位置的云装饰，这种色彩和装饰变化则为海报增添了差异感。

- **对称与均衡**。对称是指物体相同部分有规律地重复，具有稳定、庄重、整齐的特点。均衡也称为平衡，可分为对称平衡与非对称平衡，对称平衡会给人正式、高雅、严谨、庄重之感，而非对称平衡则会使画面产生视觉流动感，带来灵活生动的视觉效果。

图1-29所示的活动海报通过对称布局视觉元素，使画面左右的图像和文字元素并不完全一样，给人一种心理上的平衡感。

● **节奏与韵律**。节奏是指按照一定的条理、秩序，重复性地连续排列元素所形成的一种律动形式，是一种富有规律的重复跳动，能带给受众较为明确的视觉与心理上的节奏感。在节奏中注入强弱起伏、抑扬顿挫的规律变化，增加节奏的层次感与多变性，可以为画面添加韵律。图1-30所示的电影节海报通过许多不同起伏程度的波浪线营造出节奏与韵律。

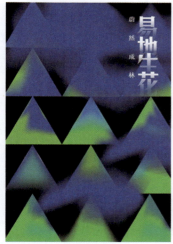

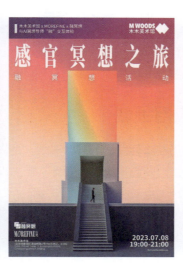

图1-28　展览海报　　　　图1-29　活动海报　　　　图1-30　电影节海报

● **对比与调和**。对比是指色彩、形状、材质、纹理等构成要素的明显差异，既可以突出重点，促使受众接收信息，又可以增强视觉效果，吸引受众注意。调和是指在多种构成要素之间寻找相互协调的因素，使画面更加和谐统一。对比强调差异，产生冲突；调和缓和冲突，营造视觉美感及氛围。图1-31所示的图书封面设计运用了黑色与白色两种对比极强的颜色，但通过相似的公鸡形状达到调和效果，求同存异，使整体更加协调。

● **重复与交错**。重复是指在版面中不断重复使用相同的基本形或线，产生安定、整齐、规律的统一感，但过多的重复也可能导致版面呆板、平淡。为此，可以在版面中安排一些交错排列或重叠出现的元素，使版面更加灵活且趣味十足。图1-32所示的图书封面不断重复运用黑白线条构成主体装饰，并通过交错、重叠形成立体字效果，让人感觉富有创意、新颖。

● **虚实与留白**。"虚"在版面中可以视为空白、细弱、单调的文字、图形或色彩，常用于衬托、突出版面中"实"的主体元素。留白是版面"虚"处理的一种特殊手法，是指画面中未放置任何图文的空间，通过留白可以打造空旷的背景画面，为观赏者提供舒适的浏览环境，并使整体版式显得大气。图1-33所示的图书封面的留白设计既让封面整体具有干净、清爽的视觉效果，又带给读者轻松的视觉感受。

图1-31　图书封面（1）　　　　图1-32　图书封面（2）　　　　图1-33　图书封面（3）

# 1.4 平面设计的应用领域

平面设计是一种历史悠久并仍在蓬勃发展的艺术形式，是许多设计领域的基石，也是设计行业中应用最为广泛的类别之一，广泛应用于卡片设计、标志设计、广告设计、海报设计、包装设计、书籍装帧设计、界面设计、电商视觉设计等领域。

## 1.4.1 卡片设计

卡片设计包括名片、会员卡、邀请卡等卡片的设计，如图1-34所示，在商业和社交领域中都发挥着重要作用，不仅对信息传达的准确性和易读性有较高的要求，更追求设计的独特性和创新性。在社交中，精美的卡片可以迅速吸引他人的注意。同时，卡片设计也可以作为品牌宣传的媒介，提升品牌知名度和美誉度。

八马茶业的名片、会员卡、邀请函等卡片的设计
在卡片中广泛运用品牌标志和"八"辅助图形，采用橙色、金色和黑色，展现出格调和尊贵，传达出稳重气质，符合品牌定位。

图1-34　卡片设计案例

## 1.4.2 标志设计

标志设计是一种通过图形、文字、色彩等视觉元素，将企业、组织、团体或品牌的核心理念、文化特色、价值观等信息，以简洁、直观、易于识别的形式表现出来的设计艺术，如

图1-35所示。在商品交易中，优秀的标志设计可以迅速吸引顾客的注意，增强品牌或产品的识别度、记忆度、竞争力，提高品牌市场地位。

**中国旅游志愿者标志设计**
以旭日飞马形象为图案，造型美观，动感激昂，象征着旅游志愿服务如阳光般温暖人心、如飞马般激情洋溢，展现了旅游志愿者热心公益、至诚服务的价值内涵，预示着旅游志愿服务事业光明辉煌的发展趋势。

图1-35　标志设计案例

## 1.4.3 广告设计

广告设计是一种通过各种媒介向公众传播产品、服务等对象信息的宣传手段，如图1-36所示。随着市场经济的发展和消费者需求的多样化，广告设计在商品销售中扮演着越来越重要的角色，可以有效吸引消费者的注意，激发其购买欲望。

**耳机广告设计**
采用夸张的表达方式和写实的画风，利用正负形展现耳机，无论旁边多么吵闹，主角都沉醉在美妙的音乐中，突显了耳机强大的隔音和降噪性能。

图1-36　广告设计案例

## 1.4.4 海报设计

海报设计是一种具有强烈视觉效果的艺术设计形式，通过富有创意的图形、色彩和文字组合传达特定的信息或主题，如图1-37所示。随着文化产业的繁荣和人们审美水平的提高，海报设计在文化传播和宣传中发挥着越来越重要的作用。

**《经典咏流传·大美中华》节目宣传海报设计**
采用符合节目主题的中国风设计，运用中国工笔画手法绘制中国传统元素，如黄鹤楼、祥云、仙鹤等，展现了锦绣壮丽的诗意山河，能唤起观众对中华优秀传统文化的热爱。

图1-37　海报设计案例

### 1.4.5 包装设计

包装设计是一种根据产品的特性和目标受众的需求，通过创新的设计和精美的制作，为产品打造一个独特而吸引人的外包装，以保护产品、促进销售并塑造品牌形象的艺术设计形式，如图1-38所示。随着经济发展、环境问题和市场竞争的变化，包装设计已经从简单的保护产品用途发展到如今的追求个性化、创新性和环保性的趋势。

**2023兔年糖果礼盒包装设计**
礼盒外形模拟老式电视机，并利用传动带的机械原理，让消费者扭动手柄就能看到兔子们纷纷敲锣打鼓、舞龙舞糖的场景，感受浓厚的新年氛围。内部插图灵感来自民间舞龙活动，创造6个个性各异、可爱活泼的兔子形象充当舞龙人员。

图1-38　包装设计案例

### 1.4.6 书籍装帧设计

书籍装帧设计涵盖从书籍文稿到成书出版的整个过程，包含封面设计、内页排版、纸张选择、印刷装订等多个环节。优秀的书籍装帧设计不仅可以保护书籍不受损伤，吸引读者的注意，还可以提升书籍的艺术价值和收藏价值，加强对书籍主题的表达，如图1-39所示。

**中华传统处世美学3书装帧设计**
整体装帧古色古香，封面均采用中国古典园林的镂空花窗设计，花窗后掩映着中国传统名画，这种诗意的设计，蕴藏了古人生活处世的灵慧巧思，与书籍内容和定位相符。3本书封面的版式、风格均相同，色彩均采用淡雅的中国传统色，书籍间的整体感很强。

图1-39　书籍装帧设计案例

### 1.4.7 界面设计

随着计算机、网络和智能电子产品的飞速发展，为了呈现更好的用户界面，各行各业也逐渐开始追求更为直观、易用和美观的界面设计，包括界面布局设计、视觉元素设计、响应式设计、交互效果设计等。优秀的界面设计能使界面中的操作符合用户的需求和行为习惯，让用户能更加轻松地使用产品，提高用户的使用效率和满意度，如图1-40所示。

百雀羚官方网站首页界面设计
简洁的文字和动态的视频背景，使用户仿佛置身于真实的大自然环境，顿时感到心情舒畅。另外，该界面的导航栏设计也非常简洁、直观，能进一步加强用户的沉浸式体验。

图1-40  界面设计案例

## 1.4.8 电商视觉设计

电商视觉设计主要是指为网店进行装修设计，通过板块划分、商品图设计等，从视觉上快速提升网店的形象，吸引更多消费者浏览，最终促进交易。电商视觉设计的内容包括网店视觉设计、商品主图设计、商品详情页设计、商品广告图设计、活动视觉营销设计等，如图1-41所示。

商品详情页设计（局部）
花西子品牌口红的详情页结合自身"东方彩妆 以花养妆"的定位，采用充满东方韵味的设计，营造出一种迷人而独特的氛围。在视觉营销的过程中，通过精美的微雕、浮雕和微浮雕工艺打造雕花艺术品，展现消费者的身份地位。

图1-41  电商视觉设计案例

# 1.5 课后练习

## 1. 填空题

（1）平面设计，又称＿＿＿＿＿＿，可以达到＿＿＿＿、＿＿＿＿、＿＿＿＿和＿＿＿＿的目的。

（2）＿＿＿＿是构成位图的最小单位。

（3）一幅色彩搭配和谐的平面设计作品中，通常主色占＿＿＿，辅助色占＿＿＿，点缀色占＿＿＿。

（4）＿＿＿＿＿＿是一切艺术形式美所遵循的基本原则。

## 2. 选择题

（1）【单选】下列描述中，不属于AI时代下平面设计发展趋势的是（　　）。

A. 个性化设计需求增加　　　　　　　　B. 设计门槛与设计成本降低

C. 对创意和设计质量的要求变高　　　　D. 作品版权的划分更加模糊

（2）【单选】在文字排列中，通常字距和行距的常规比例为（　　）。

A. 1∶2　　　　　　B. 10∶12　　　　　　C. 3∶4　　　　　　D. 10∶13

（3）【多选】平面设计常用的工具有（　　）。

A. Illustrator　　　B. Photoshop　　　C. Premiere　　　D. CorelDRAW

（4）【多选】线在平面设计中具有（　　）属性。

A. 位置　　　　　　B. 长度　　　　　　C. 宽度　　　　　　D. 厚度

（5）【多选】版式设计的原则主要包括（　　）。

A. 对比与调和　　　B. 重复与交错　　　C. 节奏与韵律　　　D. 填满与留白

## 3. 分析题

（1）世界自然基金会是非政府环境保护组织，致力于保护世界生物多样性及生物的生存环境，其标志设计巧妙新颖，如图1-42所示，请分析该标志的设计巧思。

（2）世界自然基金会自成立以来，向公众推出了许多公益海报，图1-43所示为其中之一，请从多种构成要素方面分析该海报。

图1-42　世界自然基金会标志

图1-43　公益海报

**Ps**

第 **2** 章

# Photoshop
# 基础知识

Photoshop 拥有卓越的性能和丰富的工具，为设计人员提供了广阔的创意空间。设计人员可以通过 Photoshop 轻松调整图像的色彩、光影和细节，实现精细化处理图像；通过添加文字和各种编辑功能，辅助图像更直观地传达信息，从而将创意转化为视觉上的震撼，为受众带来极致的视觉享受。

## 学习目标

▶ **知识目标**

◎ 熟悉 Photoshop 的工作界面。
◎ 掌握 Photoshop 的基本操作。

▶ **技能目标**

◎ 能够正确使用图层、能够创建选区与绘制图像。
◎ 能够调整与修复图像、合成图像。

▶ **素养目标**

◎ 加强对平面设计专业技能的培养，提升平面设计软件的应用能力。
◎ 培养良好的图像处理习惯和绘图习惯。

**学习引导**

---

**STEP 1 相关知识学习**　　　　　　　　　　建议学时：　3　学时

| 课前预习 | 1. 扫码查看Photoshop的发展历程。<br>2. 上网搜索并赏析使用Photoshop制作的平面设计案例。 | 课前预习<br> |
|---|---|---|

| 课堂讲解 | 1. Photoshop的工作界面和基本操作。<br>2. 使用图层、选区与绘制、调整与修复图像、合成图像的方法。 |
|---|---|

| 重点难点 | 1. 学习重点："图层"面板、图层样式、"变换"命令、画笔工具、文字工具组、蒙版。<br>2. 学习难点：钢笔工具、调色命令、修复工具组、通道、滤镜。 |
|---|---|

---

**STEP 2 技能巩固与提升**　　　　　　　　　　　　　1　学时

| 课后练习 | 通过填空题、选择题巩固Photoshop的基础知识，通过操作题提高Photoshop的基本应用能力。 |
|---|---|

---

## 2.1 熟悉Photoshop

在使用Photoshop设计与制作平面设计作品前，设计人员需要了解该软件的工作界面，掌握一系列基本操作。

### 2.1.1 Photoshop的工作界面

只需将图像拖曳到计算机中的Photoshop软件图标上，便可在软件中打开该图像，如图2-1所示，此为Photoshop 2024（本书以Photoshop 2024为例进行讲解）的工作界面，该界面主要由菜单栏、标题栏、图像编辑区、面板组、工具箱、工具属性栏、上下文任务栏和状态栏组成。

**1. 菜单栏**

菜单栏由"文件""编辑""图像""图层""文字""选择""滤镜""3D""视图""增效工具""窗口""帮助"12个菜单组成，每个菜单都包含多个命令。若命令右侧标有▶符号，表示该命令还有子菜单；若某些命令呈灰色显示，则表示没有激活，或当前不可用。

**2. 标题栏**

标题栏位于图像编辑区上方，显示当前图像文件的名称、格式、显示比例、颜色模式等，以及"关闭"按钮 ⊠。如果图像文件未被存储过，标题栏则以"未标题-连续的数字"的形式显示文件名。

图2-1　Photoshop 2024的工作界面

### 3. 图像编辑区

图像编辑区是Photoshop中用于查看和编辑图像的区域。Photoshop中所有的图像处理操作都在图像编辑区中完成。

### 4. 面板组

面板组是Photoshop工作界面非常重要的组成部分，在其中可进行选择颜色、编辑图层、新建通道、编辑路径和撤销编辑等操作。在Photoshop中，可在"窗口"菜单中打开和隐藏所需的各种面板；还可将鼠标指针移动到面板组的顶部标题栏处，拖曳以移动面板组。另外，拖曳面板组的选项卡标签可将对应的面板拖离该组。单击面板组右上角的"展开面板"按钮 ⊮，可打开隐藏的面板组；单击"折叠为图标"按钮 ⊯，可还原为图标模式。

### 5. 工具箱

工具箱中集合了Photoshop的所有工具，可以用于绘制图像、修饰图像、创建选区、调整图像显示比例等。工具箱默认位于工作界面左侧，将鼠标指针移动到工具箱顶部，拖曳可将工具箱移动到界面其他位置。

单击工具箱顶部的 ⊯ 按钮，可以将工具箱中的工具以双列的形式排列。单击工具箱中某工具的按钮便可选择该工具。若工具按钮右下角有 ◢ 符号，表示该工具位于一个工具组中，其下还有隐藏工具，在该工具按钮上按住鼠标左键或单击鼠标右键，可显示该工具组中的所有工具。图2-2所示为工具箱中的所有工具。

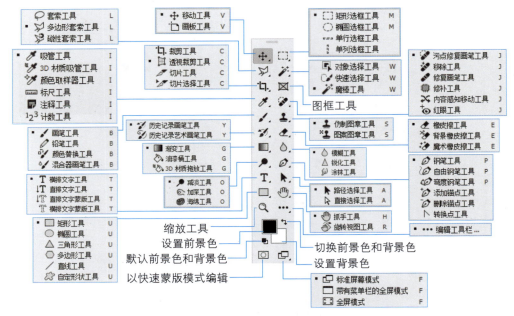

图2-2　工具箱中的所有工具

### 6. 工具属性栏

工具属性栏默认位于菜单栏的下方，当设计人员选择工具箱中的某个工具后，工具属性栏中将显示该工具的参数，通过设置这些参数可以使工具进行更精确地操作。

### 7. 上下文任务栏

上下文任务栏用于显示与当前工作流程最相关的后续步骤。例如，当选择某个对象后，上下文任务栏会显示在图像编辑区上，并在其中提供可能的后续步骤选项。

### 8. 状态栏

状态栏位于图像编辑区的下方。其中，左端显示当前图像的显示比例，在其中输入数值并按【Enter】键可改变图像的显示比例；中间默认显示当前图像文件的大小；单击右端的 》 按钮，可在弹出的菜单中设置中间区域的显示内容。

## 2.1.2　Photoshop的基本操作

使用Photoshop可以对图像文件进行各项操作，包括新建、打开、置入等基本操作，以及调整图像文件的大小。

### 1. 图像文件的基本操作

使用Photoshop进行平面设计时，要先在其中新建或打开文件，设计过程中可以通过置入的方式添加素材，设计完后可将文件导出为其他格式方便应用，最后保存文件。

- 新建文件。启动Photoshop并进入"主页"界面，单击左侧的 新文件 按钮，或在工作界面中选择【文件】/【新建】命令，或按【Ctrl+N】组合键，均可打开"新建文档"对话框，设置宽度、高度、分辨率等参数后，单击 创建 按钮。

- 打开文件。选择【文件】/【打开】命令，或按【Ctrl+O】组合键，打开"打开"对话框，选择需要打开的文件后，单击 打开(O) 按钮。

- 置入文件。选择【文件】/【置入嵌入对象】命令，打开"置入嵌入的对象"对话框，选择需要置入的文件，单击 置入(P) 按钮，在图像编辑区中调整置入文件的大小和位置，按【Enter】键完成置入。

- 导出文件。选择【文件】/【导出】命令，在打开的子菜单中可以进行多种导出任务，设计人员可按照所要导出的内容、范围和格式来选择需使用的命令。

- 保存文件。选择【文件】/【存储】命令，或按【Ctrl+S】组合键，打开"存储为"对话框，选定存储位置，单击 保存(S) 按钮即可保存文件。若要将文件以不同名称、格式、位置等再保存一份，可选择【文件】/【存储为】命令，或按【Ctrl＋Shift＋S】组合键。

**2．调整图像文件的大小**

Photoshop中图像文件的大小由图像的宽度、高度、分辨率决定，若需要调整文件大小，可采取以下3种方式。

- "图像大小"命令。选择【图像】/【图像大小】命令，打开"图像大小"对话框，修改宽度、高度、分辨率数值后，单击 确定 按钮。

- "画布大小"命令。图像编辑区即图像的显示区域，又称画布，调整画布大小也可达到改变图像文件大小的目的。选择【图像】/【画布大小】命令，打开"画布大小"对话框，修改宽度、高度数值，并设置当前图像在新画布上的位置，单击 确定 按钮。

- 裁剪工具。在工具箱中选择"裁剪工具" 裁 ，图像编辑区中将显示一个裁剪框，框内的图像为裁剪保留的区域，通过拖曳裁剪框的边框可调节裁剪范围，按【Enter】键完成裁剪操作。

# 2.2　使用图层

图层是Photoshop中最重要和常用的功能之一，是存放图像、文本等内容的载体，上方图层的内容会遮挡下方图层的内容，若上方图层存在透明区域，则相应区域可透出下方图层的内容。

## 2.2.1　"图层"面板

"图层"面板默认位于工作界面右下方，可以清晰展现图层的类型及图层状态，便于查看和管理图层中的内容。该面板部分选项的作用如图2-3所示。

### 2.2.2 图层的基本操作

掌握图层的基本操作可以更好地运用图层。在进行新建图层以外的图层基本操作前，要选中所要操作的图层，即单击图层。

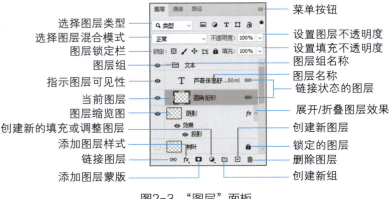

图2-3　"图层"面板

- 新建图层：选择【图层】/【新建】/【图层】命令，或单击"图层"面板中的"创建新图层"按钮⊞。
- 删除图层：选择【图层】/【删除】/【图层】命令，或按【Delete】键，或单击"图层"面板中的"删除图层"按钮🗑。
- 复制图层：按【Ctrl+J】组合键；或选择【图层】/【复制图层】命令；或单击鼠标右键，在弹出的快捷菜单中选择"复制图层"命令。
- 合并图层：选择【图层】/【向下合并图层】命令；或按【Ctrl+E】组合键；或单击鼠标右键，在弹出的快捷菜单中选择"合并图层"命令。
- 栅格化图层：单击鼠标右键，在弹出的快捷菜单中选择"栅格化图层"命令。
- 对齐图层：选择【图层】/【对齐】命令，在弹出的子菜单中可选择对齐方式的命令。
- 分布图层：选择【图层】/【分布】命令，在弹出的子菜单中可选择分布方式的命令。
- 链接图层：选择【图层】/【链接图层】命令，或单击"图层"面板中的"链接图层"按钮🔗。
- 调整图层堆叠顺序：向上或向下拖曳图层，当蓝色横线到达目标位置后，释放鼠标。

### 2.2.3 变换图像

运用变换图像的操作可以自由调整图层和选区中的图像，使其更符合需求。变换图像前需要选中图层，或创建选区选取图像，变换完成后按【Enter】键确认。按【Esc】键可取消变换图像操作，使图像恢复到变换前的状态。

- 缩放图像：选择【编辑】/【变换】/【缩放】命令；或按【Ctrl+T】组合键，可显示蓝色的图像定界框，如图2-4所示，将鼠标指针移至定界框右上角的控制点上，当其变成↙状态时拖曳，可缩放图像，如图2-5所示。
- 旋转图像：选择【编辑】/【变换】/【旋转】命令；或按【Ctrl+T】组合键，将鼠标指针移至定界框的任意一角上，当其变为↰状态时拖曳，可旋转图像，如图2-6所示。
- 斜切图像：选择【编辑】/【变换】/【斜切】命令；或按【Ctrl+T】组合键，再单击鼠标右键，在弹出的快捷菜单中选择"斜切"命令，将鼠标指针移至定界框的任意边上，

当其变为 ▷ 状态时拖曳，可斜切图像，如图2-7所示。

- 扭曲图像：选择【编辑】/【变换】/【扭曲】命令；或按【Ctrl＋T】组合键，再单击鼠标右键，在弹出的快捷菜单中选择"扭曲"命令，将鼠标指针移至定界框的任意角上，当其变为 ▷ 状态时拖曳，可以扭曲图像，如图2-8所示。

- 透视图像：选择【编辑】/【变换】/【透视】命令；或按【Ctrl＋T】组合键，再单击鼠标右键，在弹出的快捷菜单中选择"透视"命令，将鼠标指针移至定界框的任意角上，当其变为 ▷ 状态时拖曳，可改变图像的透视角度，如图2-9所示。

- 变形图像：选择【编辑】/【变换】/【变形】命令；或按【Ctrl＋T】组合键，单击鼠标右键，在弹出的快捷菜单中选择"变形"命令，图像定界框上将出现网格线和控制杆，鼠标指针将变为 ▷ 状态，通过拖曳网格线或控制杆，可变形图像，如图2-10所示。

　图2-4　显示定界框　　　图2-5　缩放图像　　　图2-6　旋转图像　　　图2-7　斜切图像

  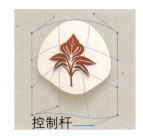

控制杆

　　图2-8　扭曲图像　　　　　图2-9　透视图像　　　　　图2-10　变形图像

## 2.2.4　图层样式

为图层应用图层样式，可使图层中的图像具有真实的质感、纹理等特殊效果。具体操作方法为，选择图层后，选择【图层】/【图层样式】命令，在子菜单中选择一种样式命令；或在"图层"面板底部单击"添加图层样式"按钮 $fx$，在弹出的菜单中选择需要的样式命令；或双击需要添加图层样式的图层右侧的空白区域，打开"图层样式"对话框，如图2-11所示，设置相关参数后，单击 确定 按钮。

图层样式共有11种，每种样式的作用如下。

- 混合选项：用于控制当前图层与下方图层的混合方式。
- 斜面和浮雕：用于为图像添加高光、阴影和雕刻般的效果。

- **描边**：用于使用颜色、渐变或图案对图像边缘进行描边。
- **内阴影**：用于沿着图像边缘内侧添加阴影效果。
- **内发光**：用于沿着图像边缘内侧添加发光效果。
- **光泽**：用于为图像添加光滑而有内部阴影的效果。
- **颜色叠加**：用于为图像叠加自定义颜色。

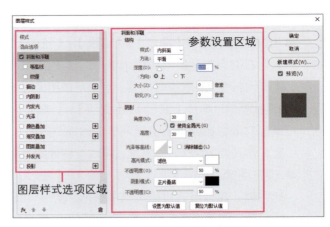

图2-11　"图层样式"对话框

- **渐变叠加**：用于将图像中单一的颜色调整为渐变色，使图像的颜色变得丰富。
- **图案叠加**：用于为图像添加指定的图案。
- **外发光**：用于沿着图像边缘外侧添加发光效果，与"内发光"样式相反。
- **投影**：用于为图像添加投影效果。

# 2.3　选区与绘制

根据选区选择图像再进行编辑，可以提升其视觉效果；而绘制图像既能丰富画面，又能解决素材不足的问题。两者都是平面设计的常用操作。

## 2.3.1　创建选区

选区是用于限定操作范围的闭合区域，编辑操作只对选区内的图像起作用，选区外的图像则不受影响。选区边缘为不断闪动的虚线，运用工具或命令可创建多种选区。

### 1. 创建选区的常用工具组

运用工具箱里的各种工具可以快速创建选区。

- **选框工具组**。选框工具组内的"矩形选框工具" ⬚ 用于创建矩形选区，如图2-12所示；"椭圆选框工具" ⬚ 用于创建椭圆选区和圆形选区，如图2-13所示；"单行选框工具" ⬚ 用于创建高度为1像素的选区，如图2-14所示；"单列选框工具" ⬚ 用于创建宽度为1像素的选区，如图2-15所示。

图2-12　矩形选区　　　图2-13　椭圆选区　　　图2-14　单行选区　　　图2-15　单列选区

- 套索工具组。套索工具组内的"套索工具" 用于绘制不规则的选区，"多边形套索工具" 用于创建选区边缘是线段或折线的选区，"磁性套索工具" 用于创建通过颜色差异自动识别区域边缘的选区。
- 对象选择工具组。对象选择工具组内的"对象选择工具" 、"快速选择工具" 和"魔棒工具" 都用于为边缘不规则或相对复杂的图像创建选区。

**2. 创建选区的常用命令**

运用命令创建选区适合主体明确、背景与选区对象对比稍强的情况。

- "主体"命令。选择【图像】/【主体】命令，可为主体明确的对象自动创建选区。
- "色彩范围"命令。选择【选择】/【色彩范围】命令，可为颜色与背景相差较大的对象创建选区。

## 2.3.2 编辑选区

编辑选区仅对选区进行操作，主要是指调整范围、选区边缘、选区状态等，使其更符合设计需求。

- 反选选区。选择【选择】/【反选】命令，或按【Shift + Ctrl+I】组合键可反向选择选区。
- 取消选区。选择【选择】/【取消选择】命令，或按【Ctrl+D】组合键可取消选区。
- 变换选区。选择【选择】/【变换选区】命令，选区的四周将出现定界框。当鼠标指针在选区内变为 状态时拖曳控制点，可以等比例缩放选区，而不影响选区中的图像，如图2-16所示。

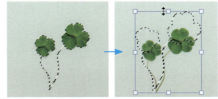

图2-16　变换选区

- 填充选区。选择【编辑】/【填充】命令；或单击鼠标右键，在弹出的快捷菜单中选择"填充"命令，打开"填充"对话框，在其中可以设置使用色彩或图案填充选区。
- 描边选区。选择【编辑】/【描边】命令；或单击鼠标右键，在弹出的快捷菜单中选择"描边"命令，打开"描边"对话框，在其中可以设置颜色和位置参数来描摹选区边缘。
- 修改选区。选择【选择】/【修改】命令，在子菜单中可选择"边界""平滑""扩展""收缩""羽化"命令来修改选区，在打开的对话框中可以设置相应的参数。

## 2.3.3 绘制图像

在工具箱底部设置前景色后，选择"画笔工具" ，在工具属性栏中设置画笔笔尖样式、画笔大小、不透明度等参数，然后在图像编辑区中单击或涂抹，即可绘制带有前景色的图像。

"铅笔工具" 、"混合器画笔工具" 与"画笔工具" 的功能类似，都用于绘制图像，使用方法也基本相同。但是，"铅笔工具" 绘制出的效果比较硬朗，"混合器画笔工具" 则可绘制出水彩、油画等混合颜料的效果。

**操作小贴士**

选择【窗口】/【画笔】命令，或在"画笔"面板中单击 按钮，打开"画笔设置"面板，在其中可自定义"画笔工具" 的画笔笔尖形状及样式，添加特殊笔触效果。单击该面板中的 按钮，可打开"画笔"面板，在其中可设置"画笔工具" 的画笔大小和画笔笔尖样式，或更改已选画笔的形状。单击"画笔"面板右上角的 按钮，在弹出的菜单中选择"旧版画笔"命令，可导入旧版Photoshop中的画笔。选择【编辑】/【定义画笔预设】命令，在"画笔名称"对话框中可输入自定义画笔的名称，并能将当前图层中的图像、图形自定义为画笔样式。

### 2.3.4　绘制矢量图形

若要绘制几何矢量图形、Photoshop预设的矢量图形，可运用形状工具组。若要自由绘制不规则的矢量图形，可使用"钢笔工具" 、"自由钢笔工具" 、"弯度钢笔工具" ，只是绘制时需要在工具属性栏中选择工具模式为"形状"。

- 形状工具组。形状工具组内工具的使用方式都比较相似，只需选择任意工具，在图像编辑区中拖曳鼠标，便可绘制对应的图形。其中，使用"矩形工具" 可绘制矩形或者圆角矩形，使用"椭圆工具" 可绘制椭圆或圆形，使用"三角形工具" 可绘制三角形，使用"多边形工具" 可绘制不同边数的正多边形和星形，使用"直线工具" 可绘制具有不同粗细、颜色、箭头的线段，使用"自定形状工具" 可绘制Photoshop预设的矢量图形。

- 钢笔工具。在图像编辑区中单击创建起始锚点，然后移动鼠标指针到相应位置，再单击可创建线段；移动鼠标指针到相应位置，按住鼠标左键拖曳，可创建曲线；移动鼠标指针到起始锚点处，当其变为 状态时，单击该锚点可闭合图形，如图2-17所示。

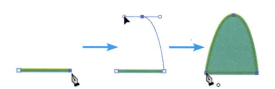

图2-17　使用钢笔工具绘制矢量图形

- 自由钢笔工具。用于绘制形状更加自然、随意的矢量图形。在图像编辑区内按住鼠标左键拖曳，顺着移动轨迹将自动创建锚点生成线条，如图2-18所示。

- 弯度钢笔工具。用于绘制由平滑曲线和线段构成的图形。在图像编辑区中创建两个锚点后，单击创建第3个锚点时，Photoshop将自动连接3个锚点，并且形成平滑的曲线，如图2-19所示。

图2-18　使用自由钢笔工具绘制矢量图形

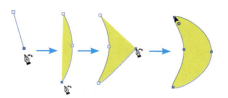

图2-19　使用弯度钢笔工具绘制矢量图形

# 2.4 调整与修复图像

掌握一些调整与修复图像的相关知识至关重要，不仅能解决图像亮度低、主体色彩不明显、曝光不足或过度等问题，还可以修复图像中的各种瑕疵。

## 2.4.1 图像调色

如果想要调整图像的明暗程度、对比度、颜色和色调（色调是指图像的整体色彩效果或整体颜色倾向，用于把控图像的整体氛围），可以选择【图像】/【调整】命令，在子菜单中选择所需命令，打开对应的对话框进行设置。常用命令及其作用介绍如下。

- **"亮度/对比度"命令：**用于调整图像的亮度和对比度。在"亮度/对比度"对话框中，向左拖曳"亮度"滑块可以降低亮度、增加阴影，向右拖曳该滑块可以提高亮度、增加高光。向左拖曳"对比度"滑块可减小对比度，向右拖曳该滑块可以增大对比度。

- **"曝光度"命令：**用于调整曝光不足或曝光过度的图像。在"曝光度"对话框中，设置"曝光度"数值能够调整图像的亮度强弱，其数值越大，图像越亮；设置"位移"数值能够调整图像的灰度；设置"灰度系数校正"数值能够减弱或加深图像中的灰色。

- **"曲线"命令：**用于综合调整图像的亮度和对比度，使图像的色彩更具质感。在"曲线"对话框中，初始图像的颜色信息显示为一条对角线，线的左下方表示阴影，线的右上方表示高光，为对角线添加控制点并拖曳控制点时，线的形状会发生相应的变化，同时图像色彩也会得到相应的调整。

- **"色阶"命令：**用于调整图像的明暗对比效果、阴影、高光和中间调。色阶是指图像中颜色亮度的强弱，在Photoshop中，8位通道里有256个色阶，0表示最暗的黑色，255表示最亮的白色。在"色阶"对话框中，设置"输入色阶"的3个数值，可分别调整图像的阴影、中间调和高光。

- **"自然饱和度"命令：**用于细微调整图像中色彩饱和度较高的像素，大幅度调整色彩饱和度较低的像素。在"自然饱和度"对话框中，设置"自然饱和度"数值可调整颜色的自然饱和度（物体所呈现的颜色在自然光照下的最大饱和度），避免色调失衡；设置"饱和度"数值可调整图像中所有颜色的饱和度。

- **"色相/饱和度"命令：**用于调整图像中不协调的单个颜色，也可调整图像所有或单个通道的色相、饱和度和明度。在"色相/饱和度"对话框的"全图"下拉列表中，可选择需要调整的颜色范围；设置"色相""饱和度""明度"数值，可分别调整图像色彩的色相、饱和度和明暗程度。

- **"色彩平衡"命令：**用于调整图像中整体色彩的分布，可校正偏色。在"色彩平衡"对话框中，设置"色彩平衡"数值可调整色彩在图像中的占比，其下方的颜色条两端的颜色互为互补色，通过拖曳滑块来调整占比；选中"色调平衡"栏中的单选项可调整色彩平衡的区域。

- **"替换颜色"命令：**用于改变图像选定区域的色相、饱和度和明暗程度。打开"替换颜色"对话框后，在图像编辑区中鼠标指针将变成 ✎ 状态，在图像中单击可吸取想要调整的颜色，再调整色相、饱和度、明度参数，便可改变所吸取的颜色。

- **"可选颜色"命令**：用于防止改变图像中的某种颜色时其他颜色受影响。在"可选颜色"对话框中，可通过拖曳滑块或输入数值调整所选颜色中青色、洋红色、黄色、黑色的含量。
- **"照片滤镜"命令**：用于使图像效果呈冷色调、暖色调或其他色调。在"照片滤镜"对话框中，通过"滤镜"下拉列表可以选择滤镜类型，单击"颜色"右侧的色块可自定义滤镜的颜色，设置"密度"数值可调整滤镜颜色的浓度。
- **"黑白"命令**：用于将彩色图像转换为黑白效果，并调整图像中各个颜色的色调深浅，使黑白效果更有层次感。在"黑白"对话框中，通过"预设"下拉列表可选择预设的黑白效果，并且在其下方可调整红色、黄色、绿色、青色、蓝色和洋红色等颜色的深浅；还可勾选"色调"复选框，从而设置色调的颜色、色相、饱和度。

**操作小贴士**

单击"图层"面板中的"创建新的填充或调整图层"按钮 ，在弹出的菜单中选择所需的调整命令，将自动打开"属性"面板，且"图层"面板中会自动创建调整图层。此时在"属性"面板中设置对应的参数也可调整图像色彩，并且参数可以二次修改。需要注意的是，使用这种方式调整的是调整图层下方所有图层中的图像。

Photoshop 2024还具有预设调整的功能。选择【窗口】/【调整】命令，打开"调整"面板，其中有肖像、风景、照片修复、创意、黑白和电影的等多种预设效果，单击某个预设即可应用，如图2-20所示，可通过在"图层"面板中编辑调整来进一步优化该预设效果。

图2-20　应用预设调整图像

## 2.4.2 修复图像

修复图像侧重于对图像中的污点、瑕疵或缺失部分进行恢复和重建，以及去除不需要的元素。Photoshop提供了多种修复图像的工具。

- **污点修复画笔工具**：用于快速去除图像中的污点、划痕等小瑕疵。在操作时，只需要在要修复的区域拖曳鼠标或单击，便可去除该区域，并在其中自动填充周围的图像。
- **移除工具**：用于轻松移除图像中的人物和瑕疵等对象。在需要移除的对象边缘按住鼠标左键涂抹，将其框选住，或涂抹整个对象将其覆盖，涂抹轨迹将呈紫色，释放鼠标后将自动移除对象，如图2-21所示。

图2-21　使用移除工具去掉水印和人物

● **修复画笔工具**：用图像中与被修复区域相似的颜色来修复图像。修复前需要按住【Alt】键，在图像中确定要复制颜色的位置单击取样，然后将鼠标指针移动到要修复的位置，进行单击或涂抹操作。

● **修补工具**：指定图像或图案以修复所选区域。具体操作方法为，先在工具属性栏中设置修补方式，然后在图像上拖曳鼠标，为需要修复的图像区域建立选区，再将鼠标指针移动到选区上，将选区朝取样区域移动，可发现需要修补的选区逐渐被取样区域的效果覆盖（若没有完全覆盖，可重复多次进行修补操作）。

● **内容感知移动工具**：在移动或扩展图像时，使新图像与原图像较为自然地融合。若在工具属性栏中设置模式为"移动"，则沿着需要修复的图像边缘绘制选区，将其拖曳到目标位置，原位置将自动填充。若设置模式为"扩展"，则沿着需要移动的图像边缘绘制选区，将其拖曳到目标位置，可发现框选的图像被复制到目标位置，原位置的图像不变。

● **红眼工具**：用于快速去掉图像中人物眼睛由于闪光灯等引发的反光斑点。选择该工具，在图像中出现红眼的区域单击，即可修复红眼现象。

● **仿制图章工具**：用于将图像的一部分复制到同一图像的另一位置，从而修复图像。具体操作方法为，按住【Alt】键，在图像中单击取样，然后将鼠标指针移动到需要修复的区域反复单击或涂抹，即可将取样点周围的图像复制到单击点周围或涂抹处。

> **操作小贴士**
>
> 　　除了使用工具修复图像，Photoshop还提供了"内容识别填充"命令来自动识别并修复图像。其操作非常便捷，先对需要修复的区域建立选区，再选择【编辑】/【内容识别填充】命令，打开"内容识别填充"对话框，根据预览效果在界面右侧设置参数调整效果，完成后单击 确定 按钮。
> 　　Photoshop 2024还具有生成式填充（又叫创成式填充）功能，该功能由Adobe Firefly（创意生成式AI模型系列）提供支持，需要Photoshop连接到互联网进行云处理。具体操作方法为，先对需要处理的部分创建选区，然后选择【编辑】/【生成式填充】命令，或在上下文任务栏中单击 创成式填充 按钮，再输入文本描述或不描述，即可进行删除元素、新增元素、拓展图片等操作。

## 2.4.3　修饰图像

修饰图像侧重于提升图像的美观度和视觉效果，可使用修饰工具组进行处理，其中的工具使用方法基本相同。在修饰工具组中选择某个工具后，先在工具属性栏中根据具体需求设置相关参数，然后在图像中单击或拖曳。

- **加深工具与减淡工具**：分别用于提高和降低图像中的曝光度，使图像变亮或变暗。
- **海绵工具**：用于为图像加色（提高饱和度）或减色（降低饱和度）。
- **模糊工具与锐化工具**：模糊工具用于调整图像中相邻像素之间的对比度，从而使图像产生模糊效果。锐化工具用于使模糊的图像变得更加清晰、细节鲜明。但需要注意的是，使用"锐化工具" △.时，若反复锐化图像，容易造成图像失真。
- **涂抹工具**：用于柔化图像中不同颜色的边界，模拟手指涂抹图像后产生的颜色流动效果。

# 2.5　合成图像

在平面设计中通过Photoshop合成图像，可以将不同的图形、图像、文字等元素进行组合，打破现实的限制，实现图像的创意展示。

## 2.5.1　添加文字

文字是传达信息的重要方式之一，因此，在平面设计作品中添加文字也是设计过程中的常用操作。

### 1. 文字工具组

要在平面设计作品中添加文字内容，可以使用Photoshop的文字工具组，该工具组包括"横排文字工具" T.、"直排文字工具" IT.、"横排文字蒙版工具" T. 和"直排文字蒙版工具" IT.，分别用于输入水平排列的文字、垂直排列的文字、水平排列且带有选区效果的文字和垂直排列且带有选区效果的文字。

### 2. 输入文字

文字可分为点文字和段落文字两种类型。其中，点文字是指单击插入文字定位点后，从该点开始输入的文字，并且输入的文字不会自动换行，只能在同一方向继续输入；段落文字是指在文字定界框中输入的、可自动换行的文字，通过调整文字定界框的大小还可以调整每行的字符数量。另外，输入点文字和段落文字的方法也有所不同。

- **输入点文字**。以选择"横排文字工具" T.为例，在工具属性栏中根据具体需求设置相关参数后，在图像中单击，插入文字定位点后可输入点文字，如图2-22所示。
- **输入段落文字**。以选择"横排文字工具" T.为例，在工具属性栏中根据具体需求设置相关参数后，在图像中拖曳生成文字定界框，在框内可输入段落文字，如图2-23所示。

图2-22　输入点文字

图2-23　输入段落文字

### 3. 设置文字格式

输入文字时可在文字工具的工具属性栏中设置格式，也可使用"字符"面板（见图2-24）和"段落"面板（见图2-25）设置格式。这两个面板除了包含工具属性栏中的参数，还增加了更多的文字格式参数。

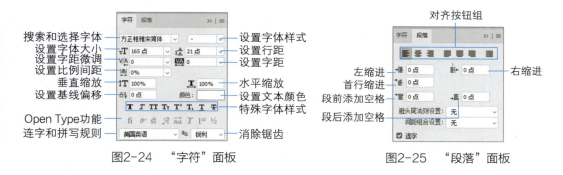

图2-24　"字符"面板　　　　　　　图2-25　"段落"面板

## 2.5.2 添加蒙版

在制作平面设计作品时，常常会运用蒙版合成图像。Photoshop中常用的蒙版是图层蒙版和剪贴蒙版，这两种蒙版都可以在"图层"面板中创建。

### 1. 添加图层蒙版

图层蒙版是指图层上方的一层灰度遮罩，通过为图层添加蒙版，可控制图像在图层中的显示区域，如图2-26所示。

添加图层蒙版的方法为，在"图层"面板中选中要添加蒙版的图层，单击面板底部的"添加图层蒙版"按钮，即可为该图层添加图层蒙版，然后设置前景色为黑色，再使用"画笔工具"或"渐变工具"涂抹想要遮盖的区域，图像将不显示涂抹部分的内容。若想恢复被遮盖的区域，可设置前景色为白色，使用"画笔工具"涂抹该区域，图像将重新显示已被遮盖的部分。

### 2. 创建剪贴蒙版

剪贴蒙版通过使用下方图层的形状来限制上方图层的显示状态，一个图层可控制多个图层的可见内容，如图2-27所示。

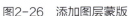
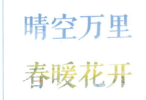

图2-26　添加图层蒙版　　　　　　　　图2-27　创建剪贴蒙版

创建剪贴蒙版的方法为，在"图层"面板中将要创建剪贴蒙版的图层拖曳到用于限制显示状态的图层上方，按【Alt+Ctrl+G】组合键；或单击鼠标右键，在弹出的快捷菜单中选择"创建剪贴蒙版"命令，即可为两个图层创建剪贴蒙版。

### 2.5.3　应用通道

通道是存储颜色信息的独立颜色平面，也是用于存放颜色和选区信息的重要载体。在Photoshop中，一个文件最多可以有56个通道。

**1．认识"通道"面板和通道类型**

与通道相关的操作需要在"通道"面板中进行，选择【窗口】/【通道】命令，可打开"通道"面板，如图2-28所示。通道包括复合通道、颜色通道、专色通道和Alpha通道4种类型，各自的作用如下。

- **复合通道**：用于预览和保存图像的综合颜色信息。
- **颜色通道**：用于记录图像内容和颜色信息。
- **专色通道**：用于特殊印刷。
- **Alpha通道**：用于保存图像的选区，也可以将选区存储为灰度图像，便于通过画笔工具、滤镜功能等修改选区，还可以从Alpha通道载入选区。

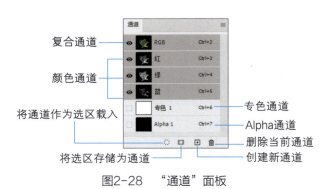

图2-28　"通道"面板

**2．通道运算**

通过通道运算可以混合一个或多个图像的通道，得到合成的新图像。常用的通道运算命令有"应用图像"命令和"计算"命令。

- **"应用图像"命令**：用于运算两个图像的通道。具体操作方法为，将需要进行通道运算的两个图像素材添加到同一个图像文件的不同图层中，或将需要进行通道运算的两个图像素材调整为大小一致，然后选择所要操作的图层，选择【图像】/【应用图像】命令，打开"应用图像"对话框，在其中调整参数后，单击 确定 按钮。
- **"计算"命令**：用于运算同一个图像文件或多个图像文件的通道。具体操作方法为，在

Photoshop中打开要运算的图像文件，选择【图像】/【计算】命令，打开"计算"对话框，在其中调整参数后，单击 确定 按钮。

## 2.5.4 应用滤镜

Photoshop中的滤镜是一种插件模块，可用来改变像素的位置和颜色，进而生成特殊效果。

### 1. 滤镜库

"滤镜库"功能用来同时为图像应用多种滤镜，以减少应用滤镜的次数，节省操作时间。具体操作方法为，选择【滤镜】/【滤镜库】命令，打开"滤镜库"对话框，如图2-29所示，在滤镜组列表中选择所需滤镜，单击 确定 按钮。

图2-29　"滤镜库"对话框

滤镜库中的滤镜按照效果被分为6种类型，各类型的作用介绍如下。

- **风格化**：用于生成绘画或印象派风格的效果。
- **画笔描边**：用于模拟用不同画笔或油墨笔刷勾画图像时所产生的效果。
- **扭曲**：用于生成玻璃、海水和光照效果。
- **素描**：用于生成不同类型的素描效果。
- **纹理**：用于生成不同类型的纹理效果。
- **艺术效果**：用于生成传统的手绘图像效果。

### 2. 特殊滤镜

"滤镜"菜单中包含6个特殊滤镜，这些滤镜主要是不便分类的独立滤镜，使用方法与滤镜库比较相似。

- **Neural Filters 滤镜**：又叫AI神经网络滤镜，是基于AI和机器学习技术的滤镜工具，使用神经网络模型来实现各种图像处理（包括面部编辑、人像增强、妆容迁移等）效果，可以改变人物的面部表情、年龄、头发风格等，还可以实现艺术风格转换、图像增强、风景混合、颜色转移等。

- 自适应广角：用于调整图像的透视、焦距等，使图像产生类似使用不同镜头拍摄的效果，如球面化、鱼眼镜头效果。
- Camera Raw 滤镜：用于调整图像的颜色、色温、色调、曝光、对比度、高光、阴影、清晰度、自然饱和度、饱和度等。
- 镜头校正：用于修复因拍摄不当或因相机自身问题而出现的图像扭曲问题。
- 液化：用于实现图像的各种特殊效果，如推、拉、旋转、反射、折叠和膨胀图像的任意区域。
- 消失点：在选择的图像区域内进行克隆、喷绘、粘贴图像等操作时，会自动应用透视原理，按照透视的角度和比例自适应对图像的改动，大大节省制作时间。

### 3. 滤镜组

除特殊滤镜外，还有很多能够制作特殊效果的滤镜。由于这些滤镜数量较多，且各自针对的效果不同，因此它们被合理归类并放置在不同类型的滤镜组中。

- "3D"滤镜组：用于模拟相机的镜头产生三维变形效果，使得扁平的图像有立体效果。
- "风格化"滤镜组：用于对图像的像素进行位移、拼贴及反色等操作。
- "模糊"滤镜组：用于通过降低图像中相邻像素的对比度，产生平滑过渡的效果。
- "模糊画廊"滤镜组：用于快速制作图像模糊效果。
- "扭曲"滤镜组：用于扭曲变形图像。
- "锐化"滤镜组：常用于调整模糊的图像，使其更加清晰，但锐化过度可能会造成图像失真。
- "像素化"滤镜组：用于将图像中颜色相近的像素转化成单元格，使图像分块或平面化，一般用于增加图像质感，使图像的纹理更加明显。
- "渲染"滤镜组：用于模拟光线照明效果。在制作和处理一些风格照，或模拟不同光源下的不同光线照明效果时，可以使用该滤镜组。
- "杂色"滤镜组：用于处理图像中的杂点或添加杂点。
- "其他"滤镜组：用于处理图像的某些细节部分。

## 2.6 课后练习

### 1. 填空题

（1）当选择了一个对象时，上下文任务栏会显示在_____上，并在其中提供可能的_____选项。

（2）_____图层样式可用于为图像添加光滑而有内部阴影的效果。

（3）剪贴蒙版通过使用_____图层的形状来限制_____图层的显示状态。

（4）_____又叫AI神经网络滤镜，是基于AI和机器学习技术的滤镜工具，使用神经网络模型来实现各种图像处理（包括面部编辑、人像增强、妆容迁移等）效果。

## 2. 选择题

（1）【单选】按（　　）组合键可打开"新建文档"对话框，在其中可进行新建文件的操作。

A.【Ctrl+N】　　　　　B.【Ctrl+O】　　　　　C.【Ctrl+S】　　　　　D.【Ctrl+E】

（2）【单选】按（　　）组合键可以显示图像定界框，从而自由变换图像。

A.【Ctrl+E】　　　　　B.【Ctrl+T】　　　　　C.【Ctrl+G】　　　　　D.【Ctrl+R】

（3）【多选】Photoshop提供了多种修复图像的工具，包括（　　）。

A. 移除工具　　　　　B. 仿制图章工具　　　　　C. 创成式填充　　　　　D. 画笔工具

（4）【多选】选择【窗口】/【调整】命令，打开"调整"面板，其中有（　　）等多种预设
效果。

A. 创意　　　　　　　B. 电影的　　　　　　　C. 照片修复　　　　　　D. 风景

（5）【多选】在Photoshop中，通道是存放颜色和选区信息的重要载体，其类型包括（　　）。

A. 复合通道　　　　　B. 颜色通道　　　　　　C. 专色通道　　　　　　D. Alpha通道

## 3. 操作题

（1）某零食网店拍摄了开心果图像"开心果.jpg"，准备用于制作产品图，但图像存在污
点、偏色和曝光不足等问题，因此需要进行调色与修复处理，处理前后的参考效果如图2-30
所示。

（2）为某旅游景区制作一幅关于天坛的手机宣传海报，可通过新建文件、置入"背
景.jpg""天坛.jpg"素材、抠取建筑图像、为图层添加蒙版、编辑图层、绘制矩形、输入文字
等操作进行制作，参考效果如图2-31所示。

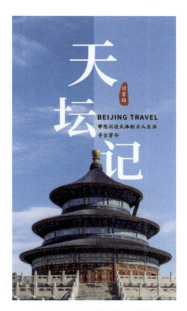

图2-30　处理前后的参考效果　　　　　　　　图2-31　手机宣传海报

**Ps**

第 **3** 章

# 卡片设计

早在互联网时代之前，卡片就出现在人们生活的方方面面，不论是精致的名片、富有创意的邀请函，还是引人注目的宣传卡片、彰显身份的会员卡，都是传递信息、展现独特魅力的精致艺术品。成功的卡片设计应兼具美观与实用性，能在有限的版面内发挥高效的交流与沟通作用。

## 学习目标

### ▶ 知识目标

◎ 了解卡片的类型及内容。
◎ 掌握卡片设计的尺寸规范和颜色规范。

### ▶ 技能目标

◎ 能够使用 Photoshop 绘制矢量的卡片图形。
◎ 能够从专业的角度设计不同类型的卡片。
◎ 能够借助 AI 工具完成卡片的创意设计。

### ▶ 素养目标

◎ 培养卡片设计兴趣，提升对信息的提炼与概括能力。
◎ 树立创新意识，提升想象力。

 学习引导

## STEP 1　相关知识学习　　　　　　　　　建议学时：__1__ 学时

**课前预习**
1. 扫码了解卡片与卡片设计的概念、卡片设计的发展，建立对卡片的基本认识。
2. 上网搜索卡片设计案例，通过欣赏卡片设计作品提升对卡片设计的审美。

课前预习

**课堂讲解**
1. 卡片设计的类型及内容。
2. 卡片设计的尺寸规范和颜色规范。

**重点难点**
1. 学习重点：名片、会员卡的尺寸、出血位。
2. 学习难点：名片、会员卡、贺卡的设计要点。

## STEP 2　案例实践操作　　　　　　　　　建议学时：__2__ 学时

**实战案例**
1. 设计律师事务所名片。
2. 设计母婴店会员卡。

**操作要点**
1. 选框工具组、套索工具组的运用。
2. 选区的填充与描边操作。

**案例欣赏**

## STEP 3　技能巩固与提升　　　　　　　　建议学时：__4__ 学时

**拓展训练**
1. 设计环保公司名片。
2. 设计民宿会员卡。

**AI 辅助设计**
1. 使用通义千问生成生日贺卡插图。
2. 使用通义万相设计教师节贺卡背景。

**课后练习**　通过填空题、选择题、操作题巩固理论知识，并提升设计能力与实操能力。

# 3.1 行业知识：卡片设计基础

卡片作为信息的载体和情感的媒介，其设计从尺寸到材质与印刷方式，从内容选择到色彩搭配，都影响着卡片的整体效果。

## 3.1.1 卡片设计的类型及内容

卡片设计是一个广泛而多样的领域，其类型和内容因应用场景和目的的不同而有所差异。

● 名片。名片是公司或个人用于社交联络、传达自身信息的卡片，如图3-1所示。其图案设计应简洁大方，且色彩不宜过多（最好不要超过3种颜色），内容主要包含公司标志、公司名称、姓名、职务、业务范围、联系方式、地址等基本信息，旨在展现专业、可靠的形象。

● 会员卡。会员卡是商家为了吸引顾客而发行的一种卡片，通常包含会员的基本信息，如姓名、联系方式、会员等级等，并享有一定的会员权益，如折扣、积分等，如图3-2所示。会员卡代表了商家的品牌形象和会员权益，旨在建立长期稳定的客户关系，其设计通常需要考虑品牌的风格和定位，以及与会员权益的关联性。

● 购物卡。购物卡是一种预付性质的消费卡，通常用于在指定的商家或超市进行消费，如图3-3所示。其设计通常较为简单，主要体现商家或超市的标志、购物卡的面额，以及关于购物和支付功能的说明。

图3-1　名片　　　　　　　　图3-2　会员卡　　　　　　　图3-3　购物卡

● 贺卡。贺卡是人们在节日、生日、婚礼、纪念日等特殊场合表达祝福和情感的卡片，如图3-4所示。贺卡设计通常包含与主题相关的图案、祝福语，以及收信人和寄信人信息等内容，应营造温馨、浪漫或喜庆的氛围，通过精美的插图、温馨的祝福语和个性化的签名等元素，传达真挚的情感和祝福。贺卡设计还常常运用各种创意工艺和材质，如立体剪裁、镂空工艺、手绘插画等，让贺卡更加个性化、更具艺术感。

● 邀请函。邀请函是指邀请他人参加会议、活动或派对的卡片，如图3-5所示。其设计应正式而精致，包含活动的时间、地点、主题、邀请人等关键信息，营造出正式、专业的氛围，同时还应考虑目标受众的审美偏好和文化背景，以确保邀请函的吸引力和可接受度。

图3-4　贺卡　　　　　　　　　　　　　　　图3-5　邀请函

- **门票/入场券**。门票与入场券是允许持有者进入特定场所或参与特定活动的凭证，如图3-6所示，通常包含场所和活动的简介、日期、地点、使用须知等基本信息，可能含有票型、座位号、编号、二维码、条形码等内容，以确保真实性和安全性。其设计应与场所、活动主题相符，营造恰当的氛围，还可采用先进的防伪技术，避免被伪造和复制。

- **优惠券/代金券**。优惠券与代金券是商家为了吸引顾客消费而发放的促销卡片，如图3-7所示，通常包含一定的折扣或减免金额，以及有效期限、商家的名称、地址和联系方式等信息。其设计应具有吸引力，采用醒目的色彩、图案和字体来吸引顾客注意，将折扣力度、使用条件等重要信息突出显示，以便顾客快速了解。

- **工作证**。工作证是组织或企业向其员工发放的身份证明卡片，如图3-8所示，通常包含姓名、职位、部门及照片等员工基本信息，也可能包含企业的标志和联系方式。其设计应简洁大方，避免过于花哨的装饰，便于识别和携带，可运用企业Logo和标志性色彩，树立企业形象和强化企业识别度。

图3-6　门票　　　　　　　　图3-7　代金券　　　　　　　　图3-8　工作证

## 3.1.2　卡片设计的尺寸规范

卡片设计作品的分辨率通常大于等于300像素/英寸，制作时可以根据卡片类型来选择尺寸，常见的标准尺寸如表3-1所示。

表 3-1　卡片设计常见的标准尺寸（单位：mm）

| 名片 | 方角：90×54、90×50、90×45<br>圆角：85×54 |
| --- | --- |
| 工作证 | 85.5×54、22×146 |
| 会员卡 / 购物卡 | 85.5×54、90×50 |
| 门票 / 入场券 | 50×150、54×180、68×210、200×80 |
| 邀请函 / 贺卡 | 对称折卡展开尺寸：160×220、210×100、180×210、360×105、280x210<br>单卡尺寸：90x180、105x180、90x210、165x102、100x145 |
| 优惠券 / 代金券 | 90×54、140×54、180×54、210×90 |

**设计大讲堂**

　　对于仅用于网络传播的卡片设计作品，可直接按照标准尺寸进行制作。但对于需要印刷的卡片，则需要在标准尺寸的基础上，再加上、下、左、右4边缘的出血位尺寸进行制作。由于在印刷时无法完美地对齐纸张，因此印刷后往往需要将纸张裁切整齐，被裁掉的部分就叫作"出血"，出血位的设置可以确保印刷品被完全印刷，避免裁切后的成品露白边或被裁掉部分内容。出血位的标准尺寸因印刷品的不同而有所区别。对于海报、宣传册等大型印刷品，出血位的尺寸一般会比较大，通常为5～10mm；而对于名片、会员卡等小型印刷品，出血位的尺寸则相对较小，一般为2～3mm。

### 3.1.3 卡片设计的颜色规范

　　卡片设计的颜色并没有固定的标准，因为它取决于具体的品牌、目标受众、设计目的及卡片类型等多种因素。为确保高质量的卡片印刷效果，下面提供一些公认的颜色规范和建议。

　　（1）不以屏幕颜色模式（即RGB颜色模式）来要求印刷品的颜色，印刷品的颜色通常和设计图颜色有偏差，色差度在上下10%以内都是正常的，并且同一张图在不同批次印刷时，颜色也可能存在差别。

　　（2）底纹或浅色图案的不透明度不低于5%，图案中线条的粗细不低于0.1mm，否则印刷时难以显现。

　　（3）应以CMYK颜色模式进行卡片制作，制作完成后，要把所有的内容单独输出成文件（EPS、PNG或JPG格式，且分辨率不低于300像素/英寸），同时要把分图层的文件发给印刷厂，以便印刷厂分色。尽量以TIFF存储，最好不要以PSD格式输出文件。

　　（4）如果卡片设计中存在黑色色块，其色值应该为"C30,M0,Y0,K100"，这样印刷出来的颜色更实、更亮，能避免印糊和粘连现象。

　　（5）如果卡片设计中存在黑色文字，其色值最好是"C0,M0,Y0,K100"（单色黑），且应设置正片叠底效果，这样印刷效果最好。如果为文字设置"C100,M100,Y100,K100"的四色黑，可能会产生套印不准、文字虚影的问题。

# 3.2 实战案例：设计律师事务所名片

## 案例背景

嘉瑞律师事务所刚成立不久，为了直观地展示所有律师的专业形象，增强客户对律所的信任感，为后续合作打下良好的基础，该律所准备为律师设计一个统一的名片模板，具体要求如下。

（1）名片要能展现律所专业、严谨和高端的形象，风格简约大方。

（2）名片正面、背面均包含内容，涉及律所标志、律所理念（以法为准　以人为本　以信为贵）、律所名称、律师姓名、职位级别、联系方式、律所地址等信息。

（3）名片成品尺寸为90毫米×54毫米，分辨率为300像素/英寸，采用CMYK颜色模式便于后续印刷。

## 设计思路

（1）色彩设计。以深灰色为主色，用于背景、重要文字内容，营造沉稳、专业的氛围。以醒目的红色为辅助色，用于律所标志和装饰图形，象征活力、积极的工作态度。

（2）图形设计。运用几何元素分隔不同的信息区域，同时起到装饰作用，使名片更加现代和时尚，彰显律师的干练形象。

（3）文字设计。为律所名称和律师姓名应用较粗的字体，确保其突出且显眼。联系方式和地址信息可集中在名片的中部或下部，同时使用稍小的字号，以及考虑使用图标来装饰联系方式，增强视觉效果。

本例的参考效果如图3-9所示。

图3-9　律师事务所名片参考效果

## 操作要点

操作要点详解

（1）使用选框工具组、多边形套索工具绘制几何形选区。

（2）利用载入选区、描边与填充选区的操作制作名片背景图形。

（3）使用横排文字工具输入文字，并在工具属性栏中设置文字格式。

### 3.2.1 制作名片正面

制作名片正面时，可先设计背景图案，使用选框工具组和多边形套索工具绘制基本的几何

微课视频

制作名片正面

形选区，再利用"填充"与"描边"命令得到实质性的几何形状；然后输入文字信息，添加律所标志与二维码。其具体操作如下。

（1）打开Photoshop 2024，新建名称为"律师事务所名片"、大小为"94毫米×58毫米"（在90毫米×54毫米的基础上，上、下、左、右均预留2毫米的出血位）、分辨率为"300像素/英寸"、颜色模式为"CMYK颜色"的文件。

（2）选择【视图】/【参考线】/【新建参考线版面】命令，打开"新建参考线版面"对话框，取消勾选"列""行数"复选框，勾选"边距"复选框，设置上、下、左、右均为"2mm"，单击 确定 按钮，效果如图3-10所示。

（3）制作时以参考线为出血线，不在出血区域内放置重要信息。在"图层"面板底部单击"创建新图层"按钮 新建图层，选择"椭圆选框工具" ，按住【Shift】键，在画面右上方拖曳绘制一个圆形选区，如图3-11所示。

（4）单击鼠标右键，在弹出的快捷菜单中选择"填充"命令，打开"填充"对话框，在"内容"下拉列表中选择"颜色"选项，打开"拾色器（填充颜色）"对话框，设置颜色为浅灰色"#efeff0"，单击 确定 按钮关闭"拾色器（填充颜色）"对话框，再单击 确定 按钮关闭"填充"对话框。

（5）使用与步骤（3）、步骤（4）相同的方法，在浅灰色圆点左下方绘制一个更小的浅灰色圆点，在画面右下角绘制一个较小的红色圆点，在红色圆点左上方绘制一个较大的深灰色圆点，效果如图3-12所示。

图3-10　建立参考线版面

图3-11　绘制圆形选区

图3-12　绘制圆点

（6）选择"多边形套索工具" ，在红色圆点上方边缘单击确定起点，然后按住【Shift】键，在右侧单击得到与圆点相切的水平线段。松开【Shift】键，在下方单击，接着在左侧单击，再在红色圆点左下方的边缘单击得到与圆点相切的斜线，最后回到起点处单击，效果如图3-13所示。

**操作小贴士**

创建选区的过程中，若多边形锚点的位置不符合需求，可按【Delete】键或【Backspace】键删除前一个多边形锚点，再单击创建新的锚点。使用"磁性套索工具" 时，也可以用这两个快捷键删除前一个不符合需求的磁性锚点。

（7）选择【编辑】/【填充】命令，或按【Shift+F5】组合键打开"填充"对话框，在"内容"下拉列表中选择"颜色"选项，打开"拾色器（填充颜色）"对话框，设置颜色为与红色圆点相同的"#c72a1d"，单击 确定 按钮返回"填充"对话框，再单击 确定 按钮，按【Ctrl+D】

组合键取消选区，效果如图3-14所示。

（8）使用与步骤（6）、步骤（7）相同的方法，在深灰色圆点所在图层中绘制深灰色多边形，在浅灰色圆点所在图层中绘制浅灰色多边形，效果如图3-15所示。

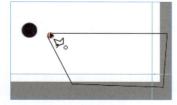
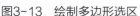

图3-13　绘制多边形选区

图3-14　填充多边形

图3-15　绘制其他多边形

（9）按【Ctrl+J】组合键复制深灰色多边形图层，使用"移动工具" ⊕ 将复制后的图形向左上方微移，形成错位效果。

（10）按住【Ctrl】键单击复制后的图层的缩览图，载入多边形选区，在工具箱底部设置前景色为红色"#c72a1d"，按【Alt+Delete】组合键填充前景色，效果如图3-16所示。按【Ctrl+D】组合键取消选区，在"图层"面板中将该图层移至深灰色多边形图层下方。

（11）新建图层，选择"矩形选框工具" ▣，按住【Shift】键在画面右下方绘制一个正方形，将其填充为白色"#ffffff"。选择【编辑】/【描边】命令，打开"描边"对话框，设置宽度为"8像素"、颜色为红色"#c72a1d"，选中"居中"单选项，单击 确定 按钮，效果如图3-17所示，在选区外任意位置单击取消选区。

（12）选择"横排文字工具" T，在浅灰色多边形中输入律师姓名，在工具属性栏中设置字体为"思源黑体 CN"、字体样式为"Bold"、文字颜色为深灰色"#232423"；在姓名右侧输入律师职位级别，修改字体样式为"Regular"，调整文字的大小和位置。使用相同方法在名片正面输入其他文字内容。

（13）选择【文件】/【置入嵌入对象】命令，打开"置入嵌入的对象"对话框，选择"律所标志.png"素材，单击 置入(P) 按钮，在图像编辑区中调整标志的大小和位置，按【Enter】键确认置入。使用相同方法置入"扫码联系.png"素材。

（14）打开"联系图标.psd"素材，使用"移动工具" ⊕ 将其中的内容拖入名片，并调整大小和位置。

（15）按住【Shift】键依次选中"图层"面板中除"背景"图层以外的所有图层，在"图层"面板底部单击"创建新组"按钮 ▢，将所选图层整理到图层组中，双击图层组名称，重命名为"正面"，完成名片正面的制作，效果如图3-18所示。

图3-16　为选区填充前景色

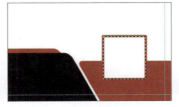

图3-17　填充并描边正方形选区

图3-18　名片正面效果

### 3.2.2 制作名片背面和名片实体化效果

用与制作名片正面相同的思路制作名片背面，同时为了更好地展现名片，还可制作名片实体化效果。其具体操作如下。

（1）在"正面"图层组上方新建"背面"图层组，然后新建图层，使用"矩形选框工具" ▣ 绘制与图像编辑区等大的矩形，填充为深灰色"#232423"，作为背景。

（2）新建图层，在右侧综合运用"椭圆选框工具" ◯ 、"多边形套索工具" ⟩ 绘制红色多边形，如图3-19所示，然后在其左侧置入"律所标志.png"素材。

（3）使用"横排文字工具" T.输入律所名称、律所理念文字，在工具属性栏中设置合适的格式，调整文字的大小和位置，效果如图3-20所示。

（4）隐藏"背面"图层组，此时图像编辑区中将仅显示名片正面效果，按【Shift+Ctrl+Alt+E】组合键盖印图层，使用"矩形选框工具" ▣ 沿参考线框选出血位以内的名片正面效果，按【Ctrl+J】组合键复制得到新图层。

（5）在新图层上单击鼠标右键，在弹出的快捷菜单中选择"快速导出为PNG"命令，打开"另存为"对话框，设置名称为"律师事务所名片正面"，选择保存位置，单击 保存(S) 按钮，即可将新图层中的内容单独导出。

（6）打开"名片样机.psd"素材，双击"双击替换1"图层缩览图，打开新窗口，置入上一步导出的"律师事务所名片正面.png"文件，调整大小和位置，使其填满画面，按【Ctrl+S】组合键存储。切换到"名片样机.psd"文件，可以发现其中的名片已替换为名片正面效果。

（7）使用与步骤（4）～（6）相同的方法，导出并替换名片背面，最终名片的实体化效果如图3-21所示，最后保存所有文件。

图3-19　绘制名片背面图形

图3-20　名片背面效果

图3-21　名片实体化效果

## 3.3 实战案例：设计母婴店会员卡

### 📇 案例背景

"宝贝轩"是一家拥有优质商品、贴心服务和温馨环境的母婴店，为了增强顾客与店铺之间的黏性、提高顾客的复购率，该店决定推出会员卡，会员卡卡面设计具体要求如下。

（1）会员卡设计需与"宝贝轩"母婴店的形象一致，包含热门的母婴用品元素。

（2）会员卡上需清晰展示店铺名称、会员卡号、持卡人姓名、有效期等基本信息，同时体现会员享有的权益和优惠。

（3）会员卡成品尺寸为85.5毫米×54毫米，分辨率为300像素/英寸，采用CMYK颜色模式便于后续印刷。

### 💡 设计思路

（1）色彩设计。以粉色和白色为主，传达温柔、纯洁的视觉观感；以黄色为辅，丰富色彩。

（2）图形设计。以扁平风格的母婴用品图形为主，凸显本店的属性。以花朵为装饰元素，增添浪漫的氛围。

（3）文字设计。卡片正面文字较少，可采用可爱、童趣的字体，给消费者亲切、活泼的感觉。卡片背面文字较多，宜采用简洁、易识别的字体。

本例参考效果如图3-22所示。

图3-22　母婴店会员卡参考效果

### 🖱 操作要点

操作要点详解

（1）使用磁性套索工具抠取母婴用品图像。

（2）使用套索工具选取装饰图像。

（3）羽化选区，移动与复制选区内容。

## 3.3.1　抠取母婴用品图像

微课视频

抠取母婴用品图像

为了让会员卡的视觉观感更贴合母婴店属性，需要在会员卡中添加母婴用品图像，但由于搜集的素材背景不符合设计需求，因此需要先抠图。其具体操作如下。

（1）打开"母婴用品（1）.jpg"素材，可发现该素材背景颜色与婴儿车图像颜色的对比度较大，因此可选择"磁性套索工具" 🪢，在工具属性栏中设置宽度、对比度、频率分别为"50像素""60%""80"。在婴儿车图像边缘处单击创建起点，沿着边缘移动鼠标指针，Photoshop自动捕捉图像中对比度较大的边缘并产生磁性锚点，如图3-23所示。

（2）继续沿着婴儿车边缘拖曳，在转折处可自行单击添加锚点，待鼠标指针回到起点后单击，如图3-24所示。

（3）此时，Photoshop会将磁性锚点路径转换为选区，按【Ctrl+J】组合键复制选区内容，隐藏"背景"图层，得到抠取后的婴儿车图像，效果如图3-25所示。

图3-23　创建磁性锚点　　　图3-24　选取完整边缘　　　图3-25　抠取后的婴儿车图像

（4）使用与步骤（1）～（3）相同的方法，依次抠取其他6张母婴用品图像，效果如图3-26所示。

图3-26　抠取其他6张母婴用品图像

### 3.3.2 制作会员卡背景

会员卡背景主要由母婴用品图像构成，通过错落有致的布局，营造温柔的氛围。为了增添美感，还可以通过选区添加花朵装饰元素。其具体操作如下。

（1）新建名称为"母婴店会员卡"、大小为"89.5毫米×58毫米"、分辨率为"300像素/英寸"、颜色模式为"CMYK颜色"的文件。在距图像编辑区上、下、左、右边缘各"2mm"处建立参考线，明确出血位。

（2）打开"花朵.jpg"素材，选择"套索工具" ，在左侧花朵外围沿着花朵轮廓拖曳绘制，如图3-27所示，回到起点后释放鼠标即可创建选区，按【Ctrl+C】组合键复制选区内容。

（3）切换到会员卡文件窗口，按【Ctrl+V】组合键粘贴复制的选区内容，调整花朵图像的大小和位置，重复粘贴并调整多次，效果如图3-28所示。

（4）使用与步骤（2）、步骤（3）相同的方法，抠取右侧的小花朵图像并复制，然后不断粘贴到会员卡中并调整布局，效果如图3-29所示。

图3-27　选取大花朵

图3-28　布局大花朵

图3-29　布局小花朵

（5）选择"椭圆选框工具" ，在工具属性栏中单击"添加到选区"按钮 ，在画面中绘制多个圆形选区，如图3-30所示。设置前景色为淡粉色"#efb7b1"，按【Alt+Delete】组合键填充前景色，形成装饰性小圆点，效果如图3-31所示。

（6）使用"移动工具" 将抠取的母婴用品图像拖曳到会员卡文件中，按【Ctrl+J】组合键复制多个图层，调整大小、位置和角度。

（7）按住【Ctrl】键单击包含装饰元素、母婴用品图像的所有图层，在其中任意图层上单击鼠标右键，在弹出的快捷菜单中选择"合并图层"命令，将会员卡背景的所有内容合并到一个图层中，以便后续制作，效果如图3-32所示。

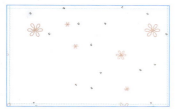

图3-30　绘制多个圆形选区

图3-31　填充多个圆形选区

图3-32　会员卡背景效果

### 3.3.3　输入文字并制作实体化效果

母婴店会员卡主要由背景图和文字内容构成，正面应体现卡片性质、店铺名称，背面应展示详细的会员权益、卡片说明、会员卡号等信息。其具体操作如下。

（1）选择"横排文字工具" ，在背景图左侧空白处输入"VIP"文字，在工具属性栏中设置字体为"Adobe Caslon Pro"、字体样式为"Regular"、字体大小为"39点"、文字颜色为粉色"#df6a6f"。在"VIP"文字下方输入"宝贝轩母婴店"文字，修改字体为"方正FW童趣POP体 简"、字体大小为"11点"。

（2）在"宝贝轩母婴店"文字下方输入"贵宾会员"文字，选择【窗口】/【字符】命令，打开"字符"面板，设置字距为"280"，调整文字的大小和位置。将会员卡正面的所有图层创建为"正面"图层组，效果如图3-33所示。

（3）选择会员卡背景所在的图层，按【Ctrl+J】组合键复制，将复制后的新图层移至图层组外，置于"图层"面板最上方，再隐藏图层组。

（4）新建图层，选择"矩形选框工具" ，在工具属性栏中设置羽化为"10像素"，在画面左下方绘制矩形选区，可发现其自带圆角和羽化效果，将其填充为白色"#ffffff"，效果

微课视频

添加文字并制作
实体化效果

如图3-34所示。

（5）选择"横排文字工具" T，在白色矩形中输入图3-35所示的文字，设置合适的文字格式。

 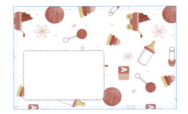 

图3-33　会员卡正面效果　　图3-34　绘制带羽化效果的圆角矩形　　图3-35　会员卡背面效果

（6）新建图层，使用"矩形选框工具" □ 绘制一大一小两个长方形，分别填充为深粉色"#d75258"和粉色"#e06e74"，效果如图3-36所示。

（7）将会员卡背面涉及的所有图层创建为"背面"图层组，按【Shift+Ctrl+Alt+E】组合键盖印图层。选择"矩形选框工具" □，设置羽化为"0像素"，沿参考线框选出血位以内的会员卡背面效果，按【Ctrl+C】组合键复制。

（8）打开"会员卡样机.psd"素材，如图3-37所示，双击"双击替换2"图层缩览图，在打开的窗口中按【Ctrl+V】组合键粘贴会员卡背面效果，调整大小和位置，使其填满画面，然后按【Ctrl+S】组合键存储效果。返回"会员卡样机.psd"文件窗口，可以发现其中的会员卡背面效果已更新。

（9）使用与步骤（7）、步骤（8）相同的方法，替换会员卡正面，最终会员卡的实体化效果如图3-38所示，最后保存所有文件。

图3-36　绘制两个长方形　　图3-37　会员卡样机　　图3-38　会员卡的实体化效果

## 3.4　拓展训练

实训 1　设计环保公司名片

### 实训要求

（1）为德山善水环保公司的业务总监设计名片，展现"青山绿水，让生活更美好"的环保理念，添加企业基本信息和员工基本信息。

（2）名片成品尺寸为90毫米×54毫米，分辨率为300像素/英寸，使用CMYK颜色模式。

（3）主色为绿色，辅助色为浅黄色和蓝绿色，营造环保、自然、生态的氛围。

（4）采用波浪形设计背景，模拟山水曲线之美。

### 操作思路

（1）新建图层，设置图层不透明度为"40%"，使用"套索工具" 绘制波浪形选区，填充黄绿色到绿色再到蓝绿色的渐变。重复操作再绘制3种不同的波浪形，体现出层次感、节奏感与韵律感。添加文字和标志，完成名片正面的制作。

（2）使用与步骤（1）相同的方法绘制名片背面图形。载入标志素材选区，重新填充白色，使其与背景更和谐，添加文字和图标，完成名片背面的制作，最后制作实体化效果。

具体设计过程如图3-39所示。

①绘制叠加的波浪形

②添加标志和文字　　④载入并填充选区

③绘制名片背面图形　　⑤添加文字和图标　　⑥制作实体化效果

图3-39　环保公司名片设计过程

### 实训 2　设计民宿会员卡

### 实训要求

（1）为一家开在千岛湖畔名为"朴宿"的民宿设计会员卡，在会员卡中展现民宿周围的风景，以便顾客直观地了解会员卡内容。

（2）会员卡成品尺寸为85.5毫米×54毫米，分辨率为300像素/英寸，使用CMYK颜色模式。

（3）文字易识别，版式简洁，色彩搭配与民宿风景图素材和谐统一，以蓝色为主色。

（4）展示持卡人姓名、卡号、使用说明等会员卡基本信息。

### ✍ 操作思路

（1）打开"民宿外风景图.psd"文件，运用"矩形选框工具" ▣ 选取部分图像，将它们添加到创建的会员卡文件中，再置入标志素材，输入会员卡名称和卡号，营造简约、干净的视觉效果。

（2）运用"矩形选框工具" ▣ 选取局部风景图像，将它们添加到创建的会员卡文件中，再绘制矩形选区并填充蓝色。

（3）输入会员卡说明信息等文字，最后制作实体化效果。

具体设计过程如图3-40所示。

②制作背面图像

①制作会员卡正面

③输入背面信息

④制作实体化效果

图3-40　民宿会员卡设计过程

## 3.5 AI辅助设计

### 通义千问　生成生日贺卡插图

通义千问是阿里云开发的一款大型预训练语言模型，它能够理解并生成自然语言，完成包括但不限于文本创作、信息检索、问题解答、语言理解等多种语言任务。通义千问通过与通义万相的协同工作，可以间接实现AI作画的功能。下面展示使用通义千问为生日贺卡生成插图。

## 提问

提问方式："画图："+明确主题与内容＋指示风格、色彩或氛围+画面构图与视角+细化画面元素。

### 示例

画图：设计生日贺卡，手绘风格，多彩，平面图，星空背景，生日蛋糕，礼物盒，气球，彩带，蜡烛。

**通义万相  设计教师节贺卡背景**

通义万相是阿里云推出的通义系列中的AI绘画创作大模型，旨在通过机器学习、深度学习及自然语言处理技术，为用户提供强大的图像生成与编辑能力。该模型具备丰富的风格预设、光线预设、材质预设、渲染预设、色彩预设、构图预设、视角预设，能满足多样化的图像创作要求。通义万相主要包含以下三大核心模式。

● **文本生成图像**。用户只需输入简洁的文字描述，模型就能生成与描述相符的图像。这极大地满足了不具备专业绘图技能的人士创造个性化视觉内容的需求。

● **相似图像生成**。能够基于用户提供的参考图像，生成风格、布局或内容相似但又有所变化的新图像，适用于需要快速迭代设计或探索不同变体的情况。

● **图像风格迁移**。允许用户将一种艺术风格应用到一张照片上，实现风格转换。比如将照片转换成油画、水彩画等风格，增加了图像处理的趣味性和创造性。

下面展示使用通义万相的"文本生成图像"模式设计教师节贺卡背景。

## 文生图

使用方式：输入关键词+添加咒语书+选择图片比例。

关键词描述方式：主题描述+背景+画面内容。

咒语书：风格、光线、材质、渲染、色彩、构图、视角。

示例1

模式：创意作画>文本生成图像。

关键词描述：贺卡设计，教师节贺卡，教室场景，课堂，书本、笔、黑板。

咒语书：风格 > 二次元+吉卜力；光线 > 自然光+暖光；色彩 > 柔和色彩。

比例：9：16。

示例效果：

示例2

模式：创意作画>文本生成图像。

关键词描述：贺卡设计，教师节贺卡，明亮、多彩，办公室，书本、笔、文具、书桌、花瓶。

咒语书：风格 > 水彩+点彩画。

比例：9：16。

示例效果：

通过通义万相的AI绘画功能，设计人员可以得到各种效果的图像素材。这些素材可以用作辅助设计，再添加文字，就可以制作出完整的平面设计作品。

✋ **拓展训练**

请参考上文提供的方法，输入不同的关键词，限定不同的风格、光线、色彩、构图等，设置不同的尺寸，尝试生成不同的教师节贺卡背景，提升应用AI绘画工具的能力。

# 3.6 课后练习

## 1．填空题

（1）_____是公司或个人用于社交联络、宣传自身信息的卡片。

（2）对于小型印刷品，出血位的尺寸则相对较小，一般为_____。

（3）在卡片设计作品中，底纹或浅色图案的不透明度不低于_____，图案中线条的粗细不低于_____，否则印刷时难以显现。

（4）向通义千问提问生成生日贺卡插图时，可采用_____＋_____＋_____＋_____＋_____的提问方式。

## 2．选择题

（1）【单选】如果卡片设计中存在黑色色块，其色值应该为（　　），这样印刷出来的颜色更实、更亮，能避免印糊和粘连现象。

A．C30,M0,Y0,K100　　　　　　　　B．C50,M0,Y0,K100

C．C0,M0,Y0,K100　　　　　　　　D．C100,M100,Y100,K100

（2）【单选】如果卡片设计中存在黑色文字，其色值最好是（　　）。

A．C30,M0,Y0,K100　　　　　　　　B．C50,M0,Y0,K100

C．C0,M0,Y0,K100　　　　　　　　D．C100,M100,Y100,K100

（3）【单选】按住（　　）单击图层缩览图，可载入该图层内容的选区。

A．【Ctrl＋Shift】组合键　　　　　B．【Alt＋Shift】组合键

C．【Ctrl】键　　　　　　　　　　D．【Shift】键

（4）【多选】使用磁性套索工具创建选区时，若磁性锚点的位置不符合需求，按（　　）键可删除前一个磁性锚点。

A．【Backspace】　　B．【Delete】　　C．【Ctrl】　　D．【Shift】

（5）【多选】通义万相提供（　　）功能。

A．文本转语音　　B．文本生成图像　　C．相似图像生成　　D．图像风格迁移

## 3．操作题

（1）为上海云开新能源公司设计名片，要求将该公司的标志添加在名片中作为装饰，然后运用选区相关工具和操作绘制装饰形状，再添加文字，参考效果如图3-41所示。

图3-41　新能源公司名片效果

（2）为刘家川菜馆设计会员卡，要求在其中添加餐饮店的标志，以及餐饮店的二维码，便于顾客扫码查看餐饮店信息，整体画面要求简洁、美观，参考效果如图3-42所示。

图3-42　餐饮店会员卡效果

（3）使用通义千问和通义万相为一家互联网科技公司设计名片，要求名片具有科技感和创意，参考效果如图3-43所示。

图3-43　互联网科技公司名片效果

**Ps**

第 **4** 章

# 标志设计

标志就像一面旗帜，代表着一个企业、品牌、组织、团体或个人的形象和理念。在现代商业社会中，越来越多的企业和机构开始注重标志设计，借此塑造品牌形象，提高竞争力。精心设计的标志可以通过简练的视觉语言，将复杂的信息浓缩为易于理解和感知的图形，实现信息的高效传递和情感的深层连接。

## 学习目标

### ▶ 知识目标

◎ 了解标志的构成、类型和组合应用。
◎ 掌握标志设计的常见尺寸和创意表现手法。

### ▶ 技能目标

◎ 能够从专业的角度设计不同类型的标志。
◎ 能够使用 Photoshop 绘制矢量的标志图形。
◎ 能够借助 AI 工具完成标志的创意设计。

### ▶ 素养目标

◎ 培养标志设计兴趣，勇于创新和尝试新的设计理念和方法。
◎ 通过标志传递企业文化，讲好品牌故事。

## 学习引导 📊

**STEP 1　相关知识学习**　　　　　　　　　　　建议学时：__1__ 学时

| 课前预习 | 1. 扫码了解标志的概念与发展，建立对标志的基本认识。<br>2. 上网搜索标志设计案例，通过欣赏标志设计作品提升对标志的审美。 | 课前预习  |
|---|---|---|

**课堂讲解**
1. 标志的构成、类型和组合应用。
2. 标志设计的常见尺寸和创意表现手法。

**重点难点**
1. 学习重点：企业标志、品牌标志、徽标的含义与设计要点。
2. 学习难点：共生、局部特异、折叠、立体化等标志设计的创意表现手法。

**STEP 2　案例实践操作**　　　　　　　　　　　建议学时：__2__ 学时

**实战案例**
1. 设计金融企业标志。
2. 设计茶叶品牌标志。

**操作要点**
1. 参考线、形状工具组、钢笔工具的运用。
2. 形状的运算与对齐操作。

**案例欣赏**

**STEP 3　技能巩固与提升**　　　　　　　　　　建议学时：__4__ 学时

**拓展训练**
1. 设计房地产企业标志。
2. 设计城市形象标志。

**AI 辅助设计**
1. 使用文心一言获取运动会会徽设计灵感。
2. 使用Midjourney的MX绘画模式生成会徽。

**课后练习**　通过填空题、选择题、操作题巩固理论知识，并提升设计能力与实操能力。

# 4.1 行业知识：标志设计基础

标志不是一个简单的符号，而是一种用于传达信息、价值观和身份认同的重要元素。要想成功设计一个标志，不仅需要考虑色彩、图形、文字等构成元素，还要合理组合运用这些构成元素，并通过各种创意表现手法保证标志整体的视觉平衡和信息传达的准确性。

## 4.1.1 标志的构成

标志由色彩、图形、文字构成，三者既可单独进行设计，也可互相结合，如图4-1所示。

- **色彩**。色彩是标志最突出的元素，标志可借由色彩的象征意义传递信息。设计标志色彩时，应先综合考虑品牌定位、行业特点、目标用户和要传达的信息等多个因素以确定主色，然后针对品牌定位和目标用户，考虑在不同的背景中应用标志的效果，选择辅助色和点缀色。

- **图形**。图形通过直观、生动的视觉语言，将理念和情感视觉化，有助于增强标志的识别性、记忆性和信息传达性。图形可分为具象与抽象两种类型。具象图形是指以具体的客观事物或对象为主要元素的图形，如人体造型、动物造型、植物造型、器物造型、自然造型等；抽象图形是指抽象的几何图形或符号，如圆形图形、三角形图形等。

- **文字**。文字在标志中是最能准确传达品牌理念和文化价值的视觉元素之一，既可以通过精心设计直接作为文字类标志的全部内容，又可以作为说明性文字用在标志中展现品牌名称、口号和简介等内容。根据不同的表现形态，文字分为汉字、英文、数字等。

**色彩**
该标志以红色为主色，以黑色为辅助色。红色代表热情、奔放、活力，象征快乐与喜庆，能增加企业形象的亲和力，并给人强烈的视觉冲击感。黑色稳重、包容性强，让整体搭配更加稳定和谐，让标志更具张力

**图形**
该标志图形由我国古代吉祥图形"盘长"演变而来。回环贯通的线条，象征着中国联通作为现代电信企业的井然有序、迅达畅通。图形中有两个明显的上下相连的"心"，形象地展示了中国联通的通心服务宗旨，将永远为用户着想，与用户心连心

**文字**
运用"中国联通""China unicom"直观地点明企业名称，字体圆润，可读性高。红色双"i"文字是点睛之笔，既像两个人在随时随地沟通，又与"爱"发音相同，延伸出"心心相连，息息相通"的企业理念

图4-1　标志的构成

## 4.1.2 标志的类型

标志按其用途分类，可分为企业标志、品牌标志、产品标志、公共标志和徽标，它们的作用和设计要点各有不同。

● **企业标志**。企业标志是指企业在商业活动中用来展示自身形象和特征的标识，其设计需要明确突出企业风格。图4-2所示的中国工商银行的标志采用红色为主色，令人联想到财富和尊贵，标志中变形的"工"字与方孔古钱币整体外观相似，体现了该企业的行业特征。

● **品牌标志**。品牌标志是企业在推广某个品牌时所使用的标志，通常包含品牌名称、形象等，旨在让消费者对品牌记忆深刻。品牌标志的设计需要与品牌的核心理念、价值观、定位相符，同时还需要具有独特性、广泛性、代表性。图4-3所示的"百雀羚"品牌标志由中、英文与树叶图形构成，绿色代表环保，蓝色代表创新，与该品牌定位"科技新草本"非常吻合。

● **产品标志**。产品标志是为产品专门设计的标志，其设计需要突出产品的特点和卖点，以更好地促进产品销售。图4-4所示为伊利针对儿童成长需求研发的儿童乳饮品（QQ星）的产品标志，运用了卡通、圆润、可爱的字体和图形，展现出趣味和活泼。

图4-2　企业标志　　　　图4-3　品牌标志　　　　图4-4　产品标志

● **公共标志**。公共标志是用于各种公共场所的通用视觉符号，具有超越语言、地域和国界的通用性特点，可以帮助人们更好地理解和遵循公共场所的各种指示和规则。这类标志应使用简单而易于理解和识别的图形、色彩和文字来传达特定信息，通常要求色彩干净、鲜明，以便人们在不同环境下快速辨认。图4-5所示为交通标志。

● **徽标**。徽标具有广泛的代表性，可以代表某个国家、政府、组织、社会团体、各种活动和节日等。在设计徽标时，需要特别关注其代表性和象征意义，注意文化敏感性，以及其所反映的历史、文化、价值观、使命和目标等。图4-6所示为徽标。

图4-5　交通标志　　　　　　　　　　图4-6　徽标

### 4.1.3 标志设计的常见尺寸

标志设计的尺寸并没有统一的规范，但是可以考虑一些比较常见的基本尺寸，并结合标志具体的应用场景和传播媒介来确定尺寸。

#### 1. 标志的基本尺寸

标志的基本尺寸可以考虑以下几种，其单位可以是像素或厘米，以下叙述省略单位。

- 正方形标志。正方形标志的尺寸可以是16×16、24×24、32×32、64×64、128×128等。
- 长方形标志。长方形标志的尺寸可以是16×24、32×64、64×128、128×256等。
- 圆形标志。圆形标志的尺寸可以是16×16、24×24、32×32等。
- 横向标志。横向标志建议采用宽度较大的尺寸，如200×50、400×100、600×150等。
- 纵向标志。纵向标志建议采用高度较大的尺寸，如50×200、100×400、150×600等。

#### 2. 不同传播媒介中的标志尺寸

在不同的传播媒介中，标志的尺寸也有所不同，其单位同样可以是像素或厘米，以下叙述省略单位。

- 网站和移动应用程序。网站和移动应用程序中的标志尺寸一般较小，可考虑16×16、24×24、32×32。因为在这些媒介中，标志占据的空间较小（不能影响页面布局）。
- 印刷品。印刷品（如易拉宝、宣传册）中的标志尺寸较大，可考虑300×300、500×500、800×800、900×900，且分辨率也要尽量高，从而保证印刷的清晰度。
- 商品包装。商品包装应给标志预留足够的空间，以确保产品能够完整地展示出来，可以考虑100×100、250×250、500×500。

### 4.1.4 标志的组合应用

为了更加规范地使用标志，需要根据具体的场景、品牌特点和受众需求，设计合理的标志组合方式，达到协调、均衡、统一、易于理解的视觉效果。

#### 1. 常见的组合形式

在设计标志时，经常会用到横向和竖向两种组合形式。

- 横向组合。标志的横向组合适用于宽度大于高度的场景，如网站的标题栏、宣传墙、广告横幅等。横版设计可以让标志在水平方向上更好地展现其宽度和延展性，给人一种稳定、宽广的视觉感受，如图4-7所示。
- 竖向组合。标志的竖向组合适用于窄长的空间，如柱状广告、侧面招牌或某些包装设计，垂直排列的标志和文字可以更好地适应空间限制，如图4-8所示。

如果想要更有创意，也可以考虑更加灵活的组合形式，如文字的圆环排版、与图形类似的拱形结构、将文字排进图形中、四方结构，以及不同颜色的文字与品牌图形的重叠等，如图4-9所示。

图4-7 标志的横向组合

图4-8 标志的竖向组合

图4-9 标志的灵活组合

### 2. 常见的组合内容

标志图形、企业（或品牌）名称、标语（或宣传口号、广告语）等元素是标志设计的常见内容，在组合应用时须遵循统一的规范。

- 标志图形+企业名称。标志图形与企业名称的组合有横向与纵向两种排列方式。一般情况下，纵向组合时，需要将中文文字调整为适合阅读的方向，将英文文字整体顺时针旋转90°，标志图形的方向不变，如图4-10所示。

- 标志图形+企业名称+标语。标语是对企业价值观、理念、文化等的组织概括，是企业对外宣传的重要媒介，体现了品牌文化的精髓与核心。标志图形、企业名称与标语的组合如图4-11所示，常应用于包装、灯箱、信笺等的视觉设计，有助于传播企业文化。

图4-10 标志图形+企业名称

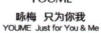

图4-11 标志图形+企业名称+标语

## 4.1.5 标志设计的创意表现手法

在日常生活中，创意十足的标志往往更能吸引人们的注意，因此设计人员在设计标志时，可以使用一些创意表现手法，提升标志的视觉效果。

● 反复。反复是指造型要素依据一定的规律反复出现，从而产生整齐、强烈的视觉美感，如图4-12所示。

● 对称。对称是指依据图形自身形成完全对称或不完全对称的形式，从而给人一种较为均衡、秩序井然的视觉感受，如图4-13所示。

● 重叠。重叠是指一个图像覆盖在另一个图像上，使标志更具有层次感、空间感和立体感，也使标志的结构更加紧凑，如图4-14所示。

● 共生。共生是指两个或两个以上的相同图像共生共存，或是利用两个或两个以上不相同图像的相同部分相互借用、相互制约又相互依存，如图4-15所示。

图4-12　反复

图4-13　对称

图4-14　重叠

图4-15　共生

● 局部特异。局部特异常指对标志局部进行断裂、变形、缩放、填充变化、装饰等处理，标志中特异的部分将成为视觉焦点，引人注目，如图4-16所示。

● 渐变。渐变多指两种以上的要素逐渐有规律地循序变动，如颜色渐变、疏密渐变、大小渐变、形态渐变等，能赋予标志韵律感与层次感，如图4-17所示。

● 折叠。折叠指对标志部分进行弯折、翻折等操作，产生厚度、连带、节奏感，如图4-18所示。折叠手法有硬折和软折两种，硬折在转折处好似截然断开，显得干净利落；软折委婉流畅，转折处有弧度和空间感，具有柔和的曲线美。

● 立体化。立体化是指利用材料、形状、色彩以及点、线、面，使标志富有立体感和空间感，营造想象空间和视觉冲击力，如图4-19所示。

图4-16　局部特异

图4-17　渐变

图4-18　折叠

图4-19　立体化

## 4.2　实战案例：设计金融企业标志

### 案例背景

　　中锌金融企业是金融领域的一家初创企业，主要开展国内外金融资产管理、投资等业务，其以稳健的投资策略和专业的金融服务逐渐赢得了市场的认可，现需要设计企业标志，准备将该标志广泛应用于企业的办公场景和宣传场景。具体要求如下。

　　（1）标志简洁、大气，色彩搭配协调。

　　（2）标志具有高辨识度，需体现中锌金融企业的稳健发展、国际化特色及金融属性。

　　（3）标志分辨率为300像素/英寸，矢量图形，尺寸为900像素×900像素。

　　（4）展示标志应用于办公场景和宣传场景的效果，如办公用具、办公楼、企业官网、旗帜、名片、宣传册等。

### 设计思路

　　（1）图形设计。采用对称手法，将"中"字与古钱币样式结合并进行简化设计，既具有文化深度，又给人均衡、稳定的视觉感受。同时采用虚实结合的手法，下半部分以渐变线段表现海面水波，上半部分则仿佛海上日出之景，蕴含企业欣欣向荣的发展前景。

　　（2）文字设计。展示企业的中文和英文名称，便于所有用户群体识别；选择端庄大气、现代简约的字体，如方正汉真广标简体，体现企业的文化底蕴和现代感。

　　（3）色彩设计。选择金色作为标志的主色，代表财富、尊贵和高端，体现企业的价值和地位；采用白色作为辅助色，既能突出主色，又能使标志更加简洁、现代。

　　本例的参考效果如图4-20所示。

图4-20　金融企业标志参考效果

### 操作要点

　　（1）使用参考线等辅助工具精确定位标志。

　　（2）使用矩形工具、椭圆工具等绘制基本图形。

　　（3）通过路径选择工具、形状的运算与对齐操作制作标志图形。

操作要点详解

### 4.2.1 绘制企业标志图形

结合"中"字与古钱币样式，绘制一个造型对称的几何图形作为中锌金融企业的标志图形。绘制前可建立参考线辅助定位，便于后续精准地绘制与对齐图形，再使用形状工具组绘制矢量图形，组成标志图形。其具体操作如下。

（1）新建名称为"金融企业标志"、大小为"900像素×900像素"、分辨率为"300像素/英寸"、颜色模式为"CMYK颜色"的文件。

（2）选择【视图】/【参考线】/【新建参考线】命令，打开"新参考线"对话框，选中"水平"单选项，设置位置为"340像素"，单击 确定 按钮创建一条水平参考线。使用相同的方法在"450像素"处建立垂直参考线。

> **操作小贴士**
>
> 按【Ctrl+R】组合键，图像编辑区顶部和左侧将显示水平和垂直的标尺，将标尺向图像编辑区内拖曳，可创建位置自由的参考线。按【Ctrl+'】组合键，图像编辑区将自动显示网格。网格、标尺和参考线都可辅助定位、对齐、布局与排版。

（3）选择"椭圆工具" ○，取消描边，设置填充为金色"#c8a666"到黄色"#fadc99"的渐变，在两条参考线的相交处按住鼠标左键，再按住【Alt + Shift】组合键绘制一个以相交处为圆心的圆，效果如图4-21所示。

（4）先选择"背景"图层，再选择"矩形工具" □，在工具属性栏中单击"路径操作"按钮 □，在打开的下拉列表中选择"减去顶层形状"选项，设置圆角半径为"20像素"。选中"椭圆 1"图层，在两条参考线的相交处按住鼠标左键，再按住【Alt + Shift】组合键绘制一个以相交处为圆心的圆角矩形。

（5）使用"路径选择工具" ▶ 略微向下移动圆角矩形，然后在"属性"面板中设置旋转为"45.00°"，形成圆角菱形，效果如图4-22所示。

（6）选择"矩形工具" □，在工具属性栏中单击"路径操作"按钮 □，在打开的下拉列表中选择"减去顶层形状"选项，设置圆角半径为"0像素"。选中"椭圆 1"图层，以垂直参考线为对称轴绘制一个竖向的矩形，效果如图4-23所示。

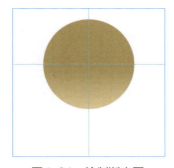
图4-21　绘制渐变圆

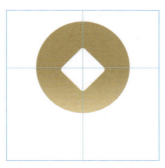
图4-22　制作圆角菱形

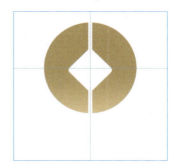
图4-23　绘制竖向矩形

（7）保持"椭圆 1"图层的选中状态，以水平参考线为上边绘制一个横向的矩形，该矩形的高度与竖向矩形的宽度相同，效果如图4-24所示。

（8）保持"椭圆 1"图层的选中状态，在横向矩形下方绘制8个高度递减的矩形，每个矩形均需贯穿渐变圆，最下方的矩形需靠近渐变圆底部。

（9）选择"路径选择工具" ，按住【Shift】键选中所有的横向矩形，如图4-25所示，然后在工具属性栏中单击"路径对齐"按钮 ，在打开的下拉面板中单击"垂直分布"按钮 ，所选的矩形中最上方、最下方的矩形位置不变，其他矩形将以相同的垂直间隔均匀分布，效果如图4-26所示。

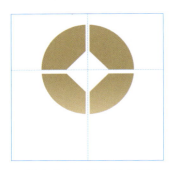
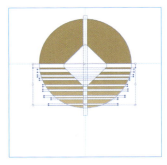

图4-24　绘制横向矩形　　　　图4-25　选中所有横向矩形　　　　图4-26　垂直分布矩形

**设计大讲堂**

　　本案例中，古钱币天圆地方的结构恰好体现了中国传统艺术的对称与均衡之美。此外，我国种类繁多的传统纹样（如云纹、水纹、回纹），传统艺术形式的国画、剪纸、皮影、书法，都可用于获取标志设计的创意灵感。

### 4.2.2　添加企业名称

　　在标志图形的周围添加企业名称，注意文字的排列要呼应标志图形的对称关系。此外，由于标志成品的应用场景非常广泛，还需要为标志设计不同的文字与图形排列组合。其具体操作如下。

微课视频

添加企业名称

（1）选择"横排文字工具" ，选择【窗口】/【字符】命令，打开"字符"面板，设置字体为"方正汉真广标简体"、字体大小为"21点"、字距为"75"、文本颜色为金色"#c8a666"，在画面底部输入企业名称"中锌金融"文字。

（2）继续在企业名称下方输入企业英文名"China Zinc Finance"，修改字体大小为"13点"，效果如图4-27所示。

（3）将组成标志的所有图层创建为"标志"图层组，按住【Ctrl】键，在"图层"面板中依次选择"椭圆 1"图层、企业名称所在图层、企业英文名所在图层。选择"移动工具" ，在工具属性栏中依次单击"水平居中对齐"按钮 和"垂直分布"按钮 ，使标志图形和文字对齐并间隔均匀，效果如图4-28所示。

（4）按【Ctrl+；】组合键隐藏参考线。按【Ctrl+J】组合键复制多个图层组，调整不同的标志文字与标志图形排列方式，效果如图4-29所示。

图4-27 输入文字　　　　　图4-28 对齐文字　　　　　图4-29 多种标志效果

### 4.2.3 制作企业标志应用场景

为了保证标志的展示效果达到最佳，可根据企业常用色彩制作多种标志效果，即改变背景颜色和标志颜色，然后选择一些标志样式应用到办公场景和宣传场景中。其具体操作如下。

（1）新建"金融企业标志组合.psd"文件，以"金融企业标志.psd"文件中的一种标志样式为例，复制多个该图层组到新文件中，根据企业常用色彩修改背景颜色和标志颜色，然后在下方添加文字和颜色说明，效果如图4-30所示。

图4-30 企业常用色彩的标志效果展示

（2）在"金融企业标志.psd"文件中只显示一种标志样式的图层组，隐藏其他图层组，按【Shift＋Ctrl＋Alt＋E】组合键盖印图层。

（3）打开"金融企业标志应用场景1.psd""金融企业标志应用场景2.psd"素材，将盖印的标志拖入，调整大小和位置，效果如图4-31所示。

图4-31　金融企业标志应用效果

# 4.3　实战案例：设计茶叶品牌标志

## 案例背景

　　"古茗茶舍"是一个茶叶品牌，该品牌不仅在线上电商平台和官网中销售茶叶，还开设了多家线下茶舍供人们休闲娱乐、烹茶品茶，其店铺装修以古典、自然风格为主，现需设计品牌标志，具体要求如下。

　　（1）标志设计需融入茶元素，让人能够直观地联想到茶叶和茶舍。

　　（2）标志色彩搭配要清新、自然，能体现茶叶的新鲜与清新。

　　（3）标志分辨率为300像素/英寸，矢量图形，尺寸为1600像素×800像素。

　　（4）标志设计应考虑品牌传播的需求，标志要适用于本品牌多种产品包装、广告海报、茶舍装修等。

## 设计思路

　　（1）图形设计。以茶叶、茶舍的形象为灵感，简化茶舍轮廓，将茶叶梗作为茶舍的墙壁，然后在顶端添加舒展的茶叶，同时搭配茶叶印章做点缀，使整个标志简洁、灵动。

　　（2）文字设计。采用古典的书法字体，并结合茶叶形状进行变形，文本颜色与图形颜色保持一致，给人雅致、古典的感觉。

　　（3）色彩设计。由于茶叶本身为绿色，在设计标志时可以直接以绿色为主色，体现茶叶源于自然的特点。

　　本例参考效果如图4-32所示。

图4-32　茶叶品牌标志参考效果

### 操作要点

（1）使用钢笔工具、直接选择工具绘制复杂的矢量图形。

（2）将文字转换为形状，制作出独特的文字效果。

## 4.3.1　设计品牌图形

结合品牌特点，使用钢笔工具绘制茶叶和茶舍形象，尽量绘制出有特点的轮廓，使图形更加独特。其具体操作如下。

（1）新建名称为"茶叶品牌标志"、大小为"1600像素×800像素"、分辨率为"300像素/英寸"、颜色模式为"RGB颜色"的文件。

（2）选择"钢笔工具"，在工具属性栏中设置工具模式为"形状"，填充为黄绿色"#d4f247"到绿色"#1ed94f"的渐变，取消描边，绘制图4-33所示的圆弧形状，按【Enter】键结束绘制。

（3）使用"钢笔工具"在圆弧形状左上方绘制图4-34所示的小茶叶，按【Enter】键。然后在圆弧形状右端绘制图4-35所示的大茶叶，按【Enter】键。

图4-33　绘制圆弧形状

图4-34　绘制小茶叶

图4-35　绘制大茶叶

（4）使用"钢笔工具" ⬦.在圆弧形状右下方绘制图4-36所示的屋檐形状，按【Enter】键。

（5）选中"形状1""形状2""形状3""形状4"图层，单击鼠标右键，在弹出的快捷菜单中选择"合并形状"命令。

（6）使用"直接选择工具" ▸.单击形状上的锚点，适当拖曳控制柄调整锚点两侧路径的弧度，拖曳锚点调整锚点位置，使形状曲线更加美观、流畅，参考效果如图4-37所示。

（7）选择"矩形工具" ▢，在工具属性栏中设置填充为黄绿色"#d4f247"到绿色"#1ed94f"的渐变，取消描边，在屋檐形状下方绘制4个大小相同的矩形。

（8）选中这4个矩形所在的图层和合并的形状图层，单击鼠标右键，在弹出的快捷菜单中选择"合并形状"命令，标志图形效果如图4-38所示。

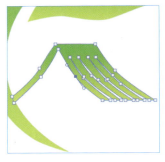  

图4-36　绘制屋檐形状　　　图4-37　调整形状　　　图4-38　标志图形效果

### 4.3.2　设计品牌文字

品牌标志除了可以添加品牌名称外，还可以添加简短的标语强化品牌特点。使用横排文字工具输入标志文字后，可以将文字转换为形状，从而调整形状进行创意设计，还可以使用蒙版来装饰和美化文字，使文字能与品牌形象结合得更加紧密，也能与标志图形组合得更加和谐。其具体操作如下。

（1）置入"茶印章.png"素材，调整其大小和位置，将其放到屋檐形状右下方。

（2）选择"横排文字工具" T，选择【窗口】/【字符】命令，打开"字符"面板，设置字体为"方正隶变简体"、文本颜色为深绿色"#0b7803"、字体大小为"60点"、字距为"-100"，在图形右侧输入"古茗茶舍"文字。

（3）在"古茗茶舍"文字下方输入"—— 经典工艺· 地道茶香 ——"文字，修改字体大小为"15点"、字距为"0"，效果如图4-39所示。

（4）选中"古茗茶舍"文字图层，选择【文字】/【转换为形状】命令，将该图层由文字图层转换为形状图层，然后使用"直接选择工具" ▸.单击"茶"字下方右侧的点笔画，将该点调整为类似茶叶的形状，然后使用相同的方法调整"茶"字下方左侧的点笔画，效果如图4-40所示。

（5）在"古茗茶舍"形状图层上方新建图层，按【Alt+Ctrl+G】组合键将新图层创建为"古茗茶舍"形状图层的剪贴蒙版。设置前景色为绿色"#1ed94f"，选择"画笔工具" ✎，在工具属性栏设置画笔样式为"柔边圆"、大小为"60像素"，在"古茗茶舍"文字的上部和中部涂抹。接着修改前景色为黄绿色"#d4f247"，在"古茗茶舍"文字的底部涂抹，效果如图4-41所示。

（6）使用与步骤（5）相同的方法，在"—— 经典工艺 · 地道茶香 ——"文字的中部涂抹黄绿色，在上半部和下半部涂抹绿色，标志效果如图4-42所示。

图4-39　添加印章并输入文字

图4-40　调整笔画形状

图4-41　改变文字颜色

图4-42　标志效果

### 4.3.3　变化标志样式并应用

微课视频

变化标志样式并应用

完成标志图形和文字的设计后，尝试对图形和文字应用不同的排列方式，创造出丰富多样的视觉效果，再将这些标志灵活地应用到不同场景中，树立专业的品牌形象。其具体操作如下。

（1）将标志的全部内容创建为图层组，复制并调整图层组，将标志图形与文字组合成多种样式，如图4-43所示。

图4-43　标志的多种样式

（2）显示一种标志样式的图层组，隐藏其他图层组，按【Shift＋Ctrl＋Alt＋E】组合键盖印图层。打开"茶叶包装.png""茶舍招牌.png"素材，将盖印的标志拖入，调整大小和位置，效果如图4-44所示。

图4-44　茶叶品牌标志应用效果

# 4.4 拓展训练

实训1　设计房地产企业标志

## 实训要求

（1）为"盛丰地产"企业新开发的楼盘设计标志，要求标志能够直观体现房地产行业特征，且效果要简洁、美观。

（2）尺寸为2000像素×900像素，分辨率为300像素/英寸，楼盘主体图形采用几何图形进行设计，并添加企业名称。

（3）主色为绿色和蓝色，辅助色为深灰色，体现企业稳重、可靠、生态、环保的形象。

## 操作思路

（1）使用"钢笔工具" ✐.绘制几何图形，形成楼盘主体图形。使用"椭圆工具" ○.在主体图形下方绘制带弧度的图形，体现企业的迅速发展，同时增强标志的简洁性和现代感。

（2）选择现代感较强、笔画较粗的字体，传达出企业的稳重与专业。

具体设计过程如图4-45所示。

①绘制标志图形

②添加企业名称

③场景应用效果

图4-45　房地产企业标志设计过程

## 实训 2　设计城市形象标志

### 实训要求

（1）为地形以丘陵和山地为主的禾川市设计城市形象标志，展示禾川"山水之城，美丽之地"的城市形象。标志图形结合禾川市山脉纵横、河流穿行的地貌特征，采用具象与抽象相结合的方式进行设计，并添加城市名称。

（2）尺寸为1452像素×1452像素，分辨率为300像素/英寸。

（3）主色取山、水的绿色、蓝色，以便与禾川市"山水之城"的形象契合。

### 操作思路

（1）使用"钢笔工具" ![钢笔] 绘制"禾"字，其中，首笔绘制成山脉形状，其他笔画表现河流、浪花和树叶。

（2）在图形底部输入城市名称和拼音，将文字与整个图形居中对齐。

具体设计过程如图4-46所示。

①绘制山脉

②绘制河流

③绘制浪花和树叶

④场景应用效果

图4-46　城市形象标志设计过程

# 4.5 AI辅助设计

## 文心一言　获取运动会会徽设计灵感

文心一言是百度推出的一款生成式AI写作工具，它不仅能够与用户互动对话、回答问题，还能够协助创作，高效、便捷地帮助人们获取信息、知识和灵感。在平面设计领域，文心一言可以帮助设计人员获取设计灵感，如使用文心一言获取大学生运动会会徽的设计灵感，得到设计的关键词。

### 提问

提问方式：交代背景＋赋予身份＋告知需求。

#### 示例1

大学生运动会需要设计会徽，要求会徽简洁、有现代感，以形象化手段彰显体育精神，请作为一个专业的标志设计人员为我提供一些设计思路和灵感，分别从风格、图形、色彩方面阐述。

#### 示例2

将以上设计思路整理成Midjourney中可使用的关键词，符合Midjourney的生成规则和要求，关键词简短、精练。

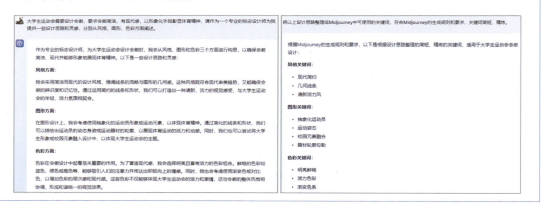

经过文心一言的帮助，设计人员可以获得符合设计要求的主要关键词，然后在此基础上进一步筛选和整合。此外，文心一言还具备一定的AI作图功能，能够根据简单的文字描述或需求生成符合要求的图像。

## Midjourney　用MX绘画模式生成会徽

Midjourney是一款功能强大的AI绘画工具，该工具允许设计人员输入关键词，然后通过

AI快速、稳定地生成各种风格的高质量图像。这些图像可应用于艺术创作、设计、教育、娱乐、广告等多个领域。Midjourney提供MJ绘画、MX绘画、Dall绘画3种类型的绘画模式，设计人员可根据不同的需求进行选择。

● **MJ绘画**。侧重于通过关键词或图片（由用户输入）来生成图像。

● **MX绘画**。注重快速、高效创作，支持各种风格。

● **Dall绘画**。侧重于根据关键词描述自动生成匹配的图像，强调文本到图像的转换能力。

下面使用Midjourney的MX绘画模式设计大学生运动会会徽。

---

### 文生图

使用方式：输入关键词。

关键词描述方式：主体类型描述+环境场景+艺术风格+具体要求。

主要参数：模式、模型、生成尺寸、高级参数（质量化、多样化、风格化）。

---

示例

模式：MX绘画>文生图。

关键词描述：大学生运动会会徽，有运动的状态，背景简洁，风格现代、抽象、去掉细节、色彩鲜艳、明亮，使用渐变色。

模型：商业>极简Logo。

比例：1：1。

示例效果：

---

### 图生图

使用方式：上传参考图片。

主要参数：模式、模型、生成尺寸、高级参数（质量化、多样化、风格化）。

---

示例

模式：MX绘画>图生图

模型：商业>极简Logo。

比例：1：1。

风格强度：60%～85%。

参考图：

示例效果：

通过Midjourney的AI绘画功能，设计人员可以得到各种效果的设计作品，这些作品不仅可以用作辅助参考，还可以在设计人员的进一步创意设计或局部重绘下达到更优质的效果。

### 拓展训练

请参考上文提供的关键词描述方式，重新选择一种绘画模式，通过设置不同的模型、尺寸和风格，尝试生成不同的效果，提升对AI绘画工具的应用能力。

## 4.6 课后练习

### 1．填空题

（1）纵向组合标志时，通常需要将标志中的英文文字＿＿＿＿＿＿＿＿＿，标志图形的方向＿＿＿＿＿＿。

（2）＿＿＿＿＿＿、＿＿＿＿＿＿和＿＿＿＿＿＿都可用于辅助对齐、布局与排版。

（3）标志按其用途分类，可分为＿＿＿＿＿＿、＿＿＿＿＿＿、＿＿＿＿＿＿、＿＿＿＿＿＿和＿＿＿＿＿＿。

（4）向文心一言提问寻求标志设计思路时，可采用＿＿＿＿＿＿＋＿＿＿＿＿＿＋＿＿＿＿＿＿的提问方式。

### 2．选择题

（1）【单选】下列处理方式中，不属于局部特异创意表现手法的是（　　）。

A．断裂　　　　　　　B．重叠　　　　　　　C．变形　　　　　　　D．缩放

（2）【单选】按住（　　），可以单击点为圆心绘制圆。

A．【Ctrl + Shift】组合键　　　　　　　B．【Alt + Shift】组合键

C．【Ctrl】键　　　　　　　　　　　　D．【Shift】键

（3）【单选】按（　　）组合键可以创建剪贴蒙版。

A．【Alt + Ctrl + G】　　　　　　　　B．【Shift + Ctrl + Alt + E】

C．【Alt + Ctrl + E】　　　　　　　　D．【Shift + Ctrl + Alt + G】

（4）【多选】标志在网站和移动应用程序中的尺寸一般为（　　）。

A．16像素×16像素　　B．24像素×24像素　　C．32像素×32像素　　D．800像素×800像素

（5）【多选】下列关于标志设计创意表现手法的描述中，说法正确的有（　　）。

A. 共生指两个或两个以上的相同图像共生共存，或两个或两个以上不相同图像的相同部分相互借用、相互制约又相互依存

B. 重叠是指某个造型要素依据一定的规律重复出现，能产生韵律感和节奏感

C. 立体化是指利用材料、形状、色彩以及点、线、面，使标志富有立体感和空间感

D. 折叠是指对标志部分进行弯折、翻折等操作，产生厚度、连带、节奏感

### 3. 操作题

（1）"棉朵儿"是一家专营纯棉制品的服装品牌，现需要进行品牌升级，要求以棉花外形为元素进行标志设计，文字部分只需展示品牌名称，参考效果如图4-47所示。

（2）"康绿"是一家建材公司，其中水管是该公司的主营商品，要求使用局部特异创意表现手法为该公司设计标志，参考效果如图4-48所示。

图4-47　"棉朵儿"品牌标志　　　　　图4-48　"康绿"建材公司标志

（3）使用文心一言和Midjourney为一家蜀绣品牌"蜀韵技艺"设计品牌标志。要求在标志中体现蜀绣的特点，并且要效果美观，具备识别性，参考效果如图4-49所示。

图4-49　"蜀韵技艺"品牌标志

**Ps**

第 **5** 章

# 广告设计

广告常见于人们的工作和生活中，不仅以独特的创意和形式巧妙地吸引人们注意，还在无形中传递着知识与理念，悄然提升人们的文明素养与审美水平。广告也是连接消费者与品牌的桥梁，是商业交流的媒介，不仅可以传递商品信息与品牌价值，还可以通过各种创意表现方法与情感营造，激发消费者的购买欲望，塑造品牌形象，进而引导市场趋势。

## 学习目标

▶ **知识目标**

◎ 了解广告的类型和设计要点。
◎ 掌握广告创意表现方法。

▶ **技能目标**

◎ 能够以专业手法设计不同类型的广告。
◎ 能够使用 Photoshop 绘制广告图像、美化广告。
◎ 能够借助 AI 工具完成广告的创意设计。

▶ **素养目标**

◎ 培养广告设计兴趣，了解广告相关法律法规。
◎ 培养市场敏感度及广告创意思维。

 学习引导

课前预习

### STEP 1　相关知识学习　　　　　　　建议学时：__1__学时

**课前预习**
1. 扫码了解广告的概念、特点与优势，建立对广告的基本认识。
2. 上网搜索广告设计案例，通过欣赏广告设计作品提升对广告的审美。

课前预习

**课堂讲解**
1. 常见广告类型的设计要点。
2. 广告创意表现方法。

**重点难点**
1. 学习重点：平面印刷类媒体广告、户外广告、网络广告的设计要点。
2. 学习难点：突出特征、对比衬托、制造悬念、合理夸张、借物象征等广告创意表现方法。

### STEP 2　案例实践操作　　　　　　　建议学时：__2__学时

**实战案例**
1. 设计房地产灯箱广告。
2. 设计节气开屏广告。

**操作要点**
1. 图层样式、图层混合模式、图层不透明度的运用。
2. 画笔工具、铅笔工具、"动感模糊"滤镜的运用。

**案例欣赏**

### STEP 3　技能巩固与提升　　　　　　建议学时：__4__学时

**拓展训练**
1. 设计招生宣传单。
2. 设计节能地铁广告。

**AI 辅助设计**
1. 使用文心一言编写广告文案。
2. 使用文心一格设计产品广告。

**课后练习**　通过填空题、选择题、操作题巩固理论知识，并提升设计能力与实操能力。

# 5.1 行业知识：广告设计基础

随着移动互联网的蓬勃发展，广告形式日益多样化，每种形式都需要根据目标受众、媒介特性和传播目的来精心策划内容。但不论哪类广告，创意的表现都至关重要，只有不断探索和创新，广告才能在激烈的市场竞争中脱颖而出。

## 5.1.1 常见广告类型的设计要点

广告按照媒介形式可分为平面印刷类媒体广告、户外广告、网络广告和其他类广告，各类型广告的设计均有不同的侧重点。

### 1. 平面印刷类媒体广告

平面印刷类媒体广告属于传统的广告形式，主要通过印刷技术将广告内容呈现在纸张或其他平面材料上，常见的印刷媒介有报纸、杂志、招贴、传单等，如图5-1所示。平面印刷类媒体广告的受众群体广泛，但针对性相对较弱，其设计要点如下。

- **简洁明了**。由于版面有限，设计应简洁明了，以便快速传达广告信息。
- **色彩鲜明**。利用色彩对比和搭配，突出品牌或产品的特点。
- **图文并茂**。图片和文字结合，更直观地展示广告内容。
- **印刷质量好**。重视印刷环节，确保印刷品的色彩鲜艳、文字清晰、图像细腻，提升广告的整体质感。

图5-1　平面印刷类媒体广告

### 2. 户外广告

户外广告是指在建筑物外表、街道或广场等室外公共场所设立的广告，其形式众多，包括路牌广告、户外灯光广告、地铁广告和楼宇广告等，如图5-2所示。户外广告尺寸通常较大，且可在固定地点长时间展示，因此，户外广告的传播效果较好。户外广告的设计要点如下。

- **醒目易读**。户外广告需具备高度的醒目性，以便在远距离和快速移动等场景下也能吸引受众的注意。
- **新颖、冲击力强**。户外广告需要快速吸引来往行人的注意，可采用大胆的色彩对比、醒目的字体和极具创意的图形设计来实现。

● **适应性强**。考虑户外环境的多变性，如风雨、阳光等，确保广告在不同天气和光线条件下都能保持良好的展示效果。

图5-2　户外广告

## 3. 网络广告

　　网络广告是一种通过互联网创新技术，利用互联网、宽带局域网、无线通信网等渠道，以及计算机、手机、数字电视机等终端，向用户提供广告信息与服务的广告形式。常见的网络广告有动图广告、网幅广告、弹出式广告、开屏广告、H5广告、视频广告等，如图5-3所示。

图5-3　网络广告

　　网络广告互动性强，可实时追踪用户行为并及时更新，也可根据用户数据进行精准投放。网络广告的设计要点如下。

- **简洁明了**。网络广告的版面空间通常比平面印刷类媒体广告小，因此更需要在有限的空间内快速传达关键信息，避免用户无法接收信息。
- **响应式设计**。确保网络广告在不同设备和屏幕尺寸下都能良好展示。
- **目标定向**。根据用户数据和行为习惯，进行精准的目标定向投放，确保广告触达潜在消费者。
- **增加视觉吸引力**。利用动态效果、高清图片或视频吸引用户注意。
- **增加互动性**。利用网络广告的互动性特点，增加用户与广告的互动机会，如增加点击按钮、点击链接、填写表单、观看视频等设计。
- **优化加载速度**。优化网络广告的加载速度，避免用户因等待时间过长而流失。
- **实时追踪**。利用数据追踪和分析工具，实时追踪用户行为和广告效果，为后续的优化提供依据。

#### 4. 其他类广告

随着第五代移动通信技术（5th-Generation，5G）、增强现实（Augmented Reality，AR）、虚拟现实（Virtual Reality，VR）、人工智能（Artificial Intelligence，AI）等技术的发展，传播广告的媒介形态不断发生变化，衍生出很多其他类型的广告，如VR广告（一种利用VR技术为受众提供沉浸式体验的广告）、4D广告（在三维立体效果的基础上，添加环境特效模拟仿真而形成的广告）等，带给受众沉浸式的交互体验。

### 5.1.2 广告创意表现方法

优秀的广告设计大多来自好的创意，运用创意方法突出表现广告的主题与内容，不仅能使广告产生与众不同的效果，还可以加深受众对广告的印象。

- **直接展示**。将广告主体直接放置在画面的主要位置，以直观地展示给受众，如图5-4所示。直接展示型广告可以着重渲染广告主体的外观和特点，主要呈现广告主体容易打动人心的地方，再利用背景、色彩或装饰物衬托，增强广告主体的视觉冲击力。

**小米手机广告**
直接展示了手机的整体外观，并利用背景颜色、光线衬托手机的色彩和材质质感

图5-4　直接展示

- **突出特征**。运用各种方式强调广告主体与众不同的特征，并将这些特征置于广告画面的主要位置，如图5-5所示。突出特征可以使广告具有明确的指向性，将广告主体的特征明确、形象地告知受众。

肯德基炸鸡广告
将炸鸡酥脆的外皮比喻为火焰，具有强烈的视觉冲击力和感染力，仅用一张图片就简单、直接地突出了肯德基炸鸡酥脆的特征

图5-5　突出特征

● **对比衬托**。将广告中描绘的事物的性质和特点放在一起做鲜明的对照，从对比中显示出差别，这样可以加强广告主体的表现力度，增强趣味性和感染力，有助于给受众留下深刻的印象，如图5-6所示。但需注意，运用对比衬托时，不能贬低、诋毁或使用其他不正当手段攻击竞争者的商品或广告。

● **制造悬念**。利用受众的好奇心，在画面中营造神秘感，勾起受众对广告内容的兴趣，让广告具有吸引力。制造悬念的基本方法是"设疑—解疑—谜底"，通过广告文案或图形内容设置疑问，以引发受众的好奇心，促使其细看画面寻找答案，并保证其能根据画面指示找到答案，如图5-7所示。

金纺柔顺剂广告
该广告展现了即使是凶狠狡猾的狼外婆，只要浸泡在金纺柔顺剂中，也会变成体贴温柔的小红帽。该广告运用外形、色彩、本质上的多重对比，传达出强烈的视觉效果

融创地产广告
该广告利用文案"谁将改变人居？"的设问，以及将开未开的门缝制造悬念，引人探索门缝中的内容，以求从中找到答案

图5-6　对比衬托　　　　　　图5-7　制造悬念

● **营造氛围**。不同的氛围可以传达出不同的情感，在广告中营造合适的氛围可以烘托情感，并更好地表现广告主题，从而将受众带入广告情境，让受众产生情感上的共鸣。营造广告氛围首先要抓住受众的心理诉求，然后从广告的主题入手，结合创意进行视觉表现，如图5-8所示。

**房地产广告**

该广告运用中国古风元素（如古建筑、山水画等）及传统色彩营造出大气磅礴、古韵十足的氛围，由此提升了房地产建筑的质感，塑造出产品的文化韵味，加深了受众对其的印象

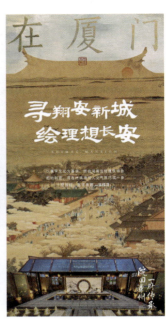

图5-8　营造氛围

● **合理夸张**。通过明显的夸张处理广告主体的某个方面，使广告内容产生新奇性和趣味性，如图5-9所示。合理夸张可以分为形态夸张和神情夸张，形态夸张为表象性的处理，神情夸张为含蓄性的情态处理。合理夸张能为广告创意注入浓郁的感情色彩，使广告更加鲜明、突出、动人。

**珍宝珠棒棒糖广告**

该广告通过创意插画展现了人们在繁忙的生活和工作中，只要吃了珍宝珠棒棒糖，就能瞬间被糖果带来的甜蜜所俘获，忘记各种烦恼。在设计时，该广告用合理夸张的创意方法表现了人们吃糖时的享受表情

图5-9　合理夸张

● **借物象征**。借物象征是指通过某个具体的物品或形象来代表或象征某种抽象的概念、情感或品牌理念，巧妙地传达广告信息，增强广告的感染力和记忆度，如图5-10所示。一些具有特定含义的形象常被用作象征符号，如橄榄枝象征和平、太极符号象征平

衡、中国结象征团圆美满。

**麦当劳广告**
巧妙地通过麦当劳汉堡包的不同形态来模仿月亮的圆缺，象征着麦当劳24小时营业，既巧妙又贴切

图5-10　借物象征

# 5.2　实战案例：设计房地产灯箱广告

## 案例背景

　　某房地产企业在地铁站附近建造的新楼盘即将开盘，现准备设计灯箱广告投放在地铁站过道中进行宣传，该企业对广告的要求如下。

　　（1）广告尺寸为300厘米×150厘米，画面效果华丽、大气，具有新楼盘开盘的热闹氛围。

　　（2）广告需突出楼盘的地理优势，展示住宅面积、购房联系电话和地址等基本信息。

### 设计大讲堂

　　地铁站庞大的客流量使得地铁灯箱广告具有传播性强的特点，其尺寸有100厘米×150厘米、120厘米×180厘米、300厘米×150厘米、600厘米×150厘米等，设计人员应根据需要选择相应的尺寸进行制作。

## 设计思路

　　（1）文案设计。以"荣耀开幕"为标题文案，并以较大的字号展示"黄金地段""地铁直达"等主要卖点，然后在广告底部整齐地排列基本信息文案。

　　（2）图像设计。以开幕式常见的红色绸带为背景，以楼盘的整体图像为主体，并展示地铁图像，强调楼盘卖点。

　　（3）色彩设计。以红色为主色，营造喜庆、热闹的氛围，以庆祝新楼盘开盘在即；以金色为辅助色，突出楼盘的高端、华丽、大气。

　　本例的参考效果如图5-11所示。

图5-11　房地产灯箱广告参考效果

### 操作要点

（1）运用图层不透明度与图层混合模式合成广告背景。

（2）通过图层样式制作丰富的文字效果。

## 5.2.1 合成广告背景

先添加广告背景素材，通过调整它们的大小和位置布局画面，然后借助图层不透明度和图层混合模式制作金色光影效果，营造华丽的氛围。其具体操作如下。

（1）新建名称为"房地产灯箱广告"、大小为"300厘米×150厘米"、分辨率为"72像素/英寸"的文件。设置前景色为深红色"#760303"，按【Alt+Delete】组合键填充前景色。

（2）置入"红布.png""金框.png"素材，调整其大小和位置，效果如图5-12所示。选择"金框"图层，在"图层"面板顶部设置图层混合模式为"滤色"，效果如图5-13所示。

（3）打开"楼盘.psd"素材，使用"移动工具" ⊹ 将其中的图层组移至广告文件中，并调整到图像编辑区中金框的右上方，在"图层"面板中选中并拖曳图层组到"金框"图层下方。

（4）置入"垂直光束.png"素材，将其调整到楼盘图像上方，设置图层混合模式为"线性减淡（添加）"，效果如图5-14所示。

图5-12　置入并调整素材

图5-13　设置混合模式

图5-14　置入并调整光束

（5）置入"水平光束.png"素材，将其移至红布下边缘处，设置图层混合模式为"滤色"。按【Ctrl+J】组合键复制得到"水平光束 拷贝"图层，将其移至楼盘底部。

（6）打开"地铁.psd"素材，使用"移动工具" ⊹ 将其中的图层组移至广告文件中，并调整到楼盘下方位置，效果如图5-15所示。

（7）置入"光影1.png""光影2.png"素材，调整其大小和位置，效果如图5-16所示。设置这两个图层的混合模式均为"滤色"，效果如图5-17所示。

图5-15　添加并调整地铁素材　　　图5-16　添加光影素材　　　图5-17　设置光影素材混合模式

（8）依次置入"绸带1.png""绸带2.png""金鹿.png""标签.png"素材，调整其大小和位置，布局素材效果如图5-18所示。

（9）置入"光影3.png""光影4.png"素材，调整其大小和位置，效果如图5-19所示。设置这两个图层的混合模式均为"滤色"，设置"光影3"图层的不透明度为"90%"，效果如图5-20所示。

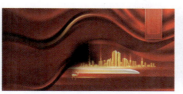

图5-18　布局素材　　　　　图5-19　添加新光影素材　　　　　图5-20　设置图层效果

## 5.2.2　添加广告信息

广告信息由标题、房产介绍、卖点、联系方式、地址等组成，其中标题文字的设计应符合华丽大气的特征，可利用图层样式和图层混合模式来凸显标题；其他文字整齐排布即可，通过图层样式、字体大小等功能区分信息层级。其具体操作如下。

（1）选择"横排文字工具"，在左侧输入"荣耀开幕"文字，打开"字符"面板，设置字体为"思源宋体 CN"、字体样式为"Heavy"、字体大小为"775点"、字距为"160"，在"字符"面板底部单击"仿粗体"按钮。

（2）在"图层"面板中双击文字图层右侧的空白区，打开"图层样式"对话框，在左侧勾选"渐变叠加"复选框，在右侧设置渐变为金色渐变"#f9c567~#fae1b0~#f8c77d"、缩放为"120"；再在左侧勾选"投影"复选框，在右侧设置投影颜色为深红色"#820000"，不透明度、距离、大小分别为"81""48""62"，其他参数保持默认设置不变，单击"确定"按钮，效果如图5-21所示。

（3）置入"光点.png"素材，设置图层混合模式为"滤色"，按3次【Ctrl+J】组合键复制3个，分别移至"荣""耀""开""幕"上，效果如图5-22所示。

（4）继续输入文字，并为文字添加合适的图层样式，效果如图5-23所示。

  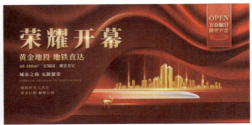

图5-21　设置标题图层样式　图5-22　添加光点素材　　　图5-23　添加其他文字并设置样式

（5）打开"基本信息.psd"素材，使用"移动工具" ⊕ 将其中的图层组移至广告右下方，并为图层组添加淡金色的"颜色叠加"图层样式，效果如图5-24所示。

（6）按【Shift＋Ctrl＋Alt＋E】组合键盖印图层，打开"地铁灯箱广告场景.jpg"素材，将盖印的广告效果拖入，调整大小和位置，再变形图像，效果如图5-25所示。

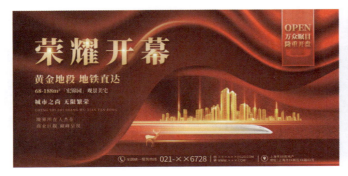 

图5-24　房地产灯箱广告效果　　　　　图5-25　房地产灯箱广告应用效果

# 5.3　实战案例：设计节气开屏广告

## 案例背景

为了弘扬中华优秀传统文化，同时为即将开考的高考学子加油，并借势宣传品牌，"锐毅文具"品牌准备在每年公历6月5日~7日将芒种开屏广告投放在各大App中，具体要求如下。

（1）广告尺寸适配全屏手机，高清晰度。

（2）色彩搭配清新、自然，画面符合芒种节气特点，文案突出品牌、高考和节气信息。

## 设计思路

（1）文案设计。以较大的字号展示"芒种"标题文案。次要文案为将品牌、高考与芒种信息相结合的标语。此外，适当展示"中国传统二十四节气"文案和品牌名称。

（2）图像设计。以芒种时节收割冬小麦后，农民赶着牛在田间犁田，种植水稻的场景为主，突显节气特点。同时，添加品牌标志，展现品牌形象。

（3）色彩设计。选择代表自然、稻田、小麦且富有变化的绿色为主色，黄绿色、橙黄色等为辅助色，营造出层次丰富的画面效果。

本例的参考效果如图5-26所示。

图5-26 节气开屏广告参考效果

🎨 **设计大讲堂**

中国传统二十四节气作为中华民族独有的时间文化体系，不仅体现了自然规律的变化，还体现了自然规律和人文精神。在广告设计中融合二十四节气元素时，设计人员需要了解节气的气候特点、物候变化、传统习俗和文化内涵，将二十四节气元素具象化地与品牌形象和广告主题进行创意结合。

**操作要点详解**

### 操作要点

（1）使用画笔工具、铅笔工具等绘制节气图像。
（2）通过"动感模糊"滤镜制作丰富的画面效果。

**微课视频**

## 5.3.1 绘制节气图像

绘制节气图像

结合芒种节气的特点，使用画笔工具绘制层次丰富、过渡自然的渐变背景，结合"动感模糊"滤镜制作稻田水波效果，然后使用铅笔工具绘制水波的细节，添加小麦、农人图像。其具体操作如下。

（1）按【Ctrl+N】组合键打开"新建文档"对话框，切换至"移动设备"选项卡，选择"iPhone X"选项，单击 创建 按钮，应用该选项的预设参数新建文档。设置前景色为黄绿色"#c0ff76"，按【Alt+Delete】组合键填充。

（2）新建图层，设置前景色为蓝绿色"#6ec696"，选择"画笔工具" ，在工具属性栏中设置画笔笔尖样式为"柔边圆"、大小为"350像素"、不透明度为"60%"，在图像编辑区涂抹出图5-27所示的效果。

**操作小贴士**

在使用"画笔工具" 绘制图像时，需要频繁地更改画笔大小，但一次次输入画笔大小值比较麻烦，此时可将输入法切换到英文状态，然后按【[】或【]】键缩小或放大画笔半径，按键次数越多，缩小或放大画笔半径的程度就越大。

（3）选择【滤镜】/【模糊】/【动感模糊】命令，打开"动感模糊"对话框，设置角度、距离分别为"0""1176"，单击 确定 按钮，效果如图5-28所示，制作出边缘拉长并渐变的效果，模拟荡漾的水面。

（4）使用步骤（2）、步骤（3）的方法依次制作翠绿色"#42bd65"、军绿色"#87ac56"的水面效果，如图5-29所示。

图5-27　在图像编辑区涂抹　　　图5-28　动感模糊图像　　　图5-29　制作水面效果

（5）使用步骤（2）、步骤（3）的方法依次制作橙黄色"#ddc346"、灰粉色"#dec0a8"、淡黄绿色"#c2ee74"的水面效果，如图5-30所示。

　　（6）新建图层，设置前景色为白色，选择"铅笔工具" ✐，在工具属性栏中设置大小为"2像素"、不透明度为"50%"，在画面中绘制多条横线，表示水波。

　　（7）选择【滤镜】/【模糊】/【动感模糊】命令，打开"动感模糊"对话框，设置角度、距离分别为"0""1573"，单击 确定 按钮。

　　（8）新建图层，设置前景色为白色，选择"铅笔工具" ✐，在工具属性栏中设置大小为"2像素"、不透明度为"50%"，在画面的左侧和右侧分别绘制两条曲线，效果如图5-31所示。

　　（9）打开"芒种.psd"素材，将其中的图像素材拖曳到广告文件中，调整其大小和位置，效果如图5-32所示。

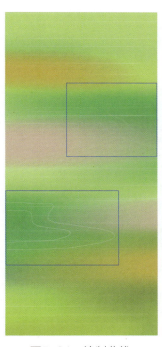
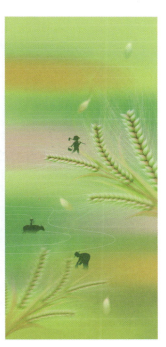

图5-30　制作其他水面效果　　　　　图5-31　绘制曲线　　　　　图5-32　添加图像素材

## 5.3.2　添加节气信息

微课视频

添加节气信息

　　广告文案需要突显"芒种"主题，因此为节气名称设置较大的字体，并结合拼音、英文、"中国传统二十四节气"文案强调该节气。添加与品牌、高考、芒种相关的宣传语，如"心向光芒，种下希望""锐意进取，全力以赴"，并结合品牌名称和品牌标志来宣传品牌。其具体操作如下。

　　（1）选择"直排文字工具" IT，设置字体为"思源宋体 CN"、文本颜色为白色"#ffffff"、字体大小为"153点"，在图像编辑区右上角输入"RUI YI"文字，设置该图层的不透明度为"50%"。

（2）继续输入其他文字，并设置合适的文字格式，效果如图5-33所示。

（3）换到"芒种.psd"素材，将其中"主题文案"图层组拖曳到广告文件中。打开"文具品牌标志.psd"素材，将"组1"图层组拖曳到广告文件中，分别调整大小和位置。

（4）新建图层，设置前景色为白色，选择"铅笔工具" ✐ ，在工具属性栏中设置大小为"4像素"、不透明度为"60%"，在图像编辑器左上角绘制两条竖线，效果如图5-34所示。

（5）按【Shift+Ctrl+Alt+E】组合键盖印图层，打开"手机模型.psd"素材，双击"替换屏幕"图层的缩览图，打开新窗口，将盖印的广告效果拖入，使其刚好充满画面，按【Ctrl+S】组合键保存，返回"手机模型.psd"文件窗口，效果如图5-35所示。

图5-33　输入次要文案

图5-34　绘制两条竖线

图5-35　节气开屏广告应用效果

## 5.4　拓展训练

### 实训1　设计招生宣传单

#### 实训要求

（1）为某美术绘画培训班设计招生宣传单，展示该培训班的简介、优势、教学课程、报名时间、活动优惠等信息，信息精练、文字易读。

（2）尺寸为210毫米×285毫米，分辨率为100像素/英寸。

（3）以橙色为主色，彰显活力，结合绘画场景、颜料、色块、植物等图像元素，采用扁平化插画风格进行设计。标题突出，富有创意。

### ✍ 操作思路

（1）运用"画笔工具" ✐ 和提供的图像素材制作宣传单背景。

（2）使用形状工具组、横排文字工具及提供的素材，以及图层样式功能制作宣传单正面的主要内容。

（3）使用相同方法制作宣传单背面，其中绘制表格线时可使用"铅笔工具" ✐。

具体设计过程如图5-36所示。

①制作宣传单背景　　　　　②制作正面内容　　　　　③制作宣传单背面

图5-36　招生宣传单设计过程

## 实训 2　设计节能地铁广告

### ☆ 实训要求

（1）为某公益组织制作以"地球1小时"为主题的节能地铁广告，用于传播和弘扬节能减排的理念，提高市民的文明素养。

（2）广告尺寸为60厘米×80厘米，分辨率为100像素/英寸。

（3）广告画面需以灯泡为主体进行创意设计，文案简洁精练，整体风格自然、清新。

### ✍ 操作思路

（1）添加并布局图像素材，然后在画面顶部输入标题文字，在底部添加基本信息。

（2）运用图层混合模式和图层样式合成灯泡中的植物图像。

（3）综合运用"画笔工具" ✐、选框工具组绘制底部的云朵图像，运用"钢笔工具" ✐ 绘制闪电图形。

（4）运用图层样式美化文字和图形，盖印图层，将最终效果应用到地铁场景中。具体设计过程如图5-37所示。

　　　①添加并布局图文内容　　　　　　②美化和丰富画面效果　　　　　③制作地铁场景应用效果

图5-37　节能地铁广告设计过程

# 5.5　AI辅助设计

**文心一言　编写广告文案**

　　广告文案用于向潜在客户展示产品或服务的特点、优势和价值，吸引客户关注，是激发客户购买欲望和引导客户行动的重要广告元素。使用文心一言可以辅助设计人员编写广告文案，如为一款香水编写广告文案。

**提问**

提问方式：广告对象＋广告类型＋文案风格＋文案内容要求＋字数要求。

　　**示例**

　　为一款淡蓝色、雪松气味的香水编写H5广告的营销文案，要求描述香水外观，体现香水卖点、清新气味，描述淡蓝色自然景象的同时融入香水，文案简洁、精练，以短词为主，200字以内。

> 为一款淡蓝色、雪松气味的香水编写 H5 广告的营销文案，要求描述香水外观，体现香水卖点、清新气味，描述淡蓝色自然景象的同时融入香水，文案简洁、精练，以短词为主，200 字以内。
>
> **雪松淡蓝，自然之选**
>
> 淡蓝瓶身，如天空般纯净，散发雪松的清新之息。这款香水，融合了大自然的馈赠，清新怡人，让人仿佛置身于雪松林间的清泉旁。淡蓝色调，如同宁静的湖泊，与雪松香完美融合，为您带来独特的感官体验。选择它，感受自然的清新与美好，释放您的无限魅力。
>
> 由文心大模型 3.5 生成
>
> 重新生成

　　如果对生成结果不满意，可以重复提问或调整关键词，文心一言将生成多种不重复的广告文案，设计人员可在此基础上进一步筛选和优化。

**文心一格　设计产品广告**

　　文心一格是一款基于AI技术的艺术和创意辅助平台，具有文生图、图生图、生成艺术字、生成商品图、生成海报、风格迁移等AI创作功能。此外，文心一格还提供了AI编辑功能，如扩展图片、涂抹消除、智能抠图等。

　　设计人员在设计产品广告时，可以选用生成商品图功能，只需上传商品图片，平台就能迅速将商品从背景中抠出。生成商品图功能还支持多种预设场景的商品图生成，会根据上传的商品推荐模板，如简约白、唯美雪景、简洁石台、光影氛围等模板。生成商品图功能还提供"自定义生成"选项，设计人员可以根据自己的喜好和需求，输入关键词描述进行生成。

---

### 模板生图

> 使用方式：上传商品图片。
> 主要参数：模式、版式、模板。

示例：

模式：AI创作>生成商品图。

版式：竖图。

模板：推荐模板 > 唯美雪景/山涧溪水/简洁石台。

商品图片：

示例效果：

### 👆 拓展训练

请尝试运用文心一格的生成商品图功能，选择"自定义生成"选项，以"主体词+修饰词+风格词+画面质感增强用词"的结构输入关键词，生成香水产品广告。

# 5.6 课后练习

### 1. 填空题

（1）平面印刷类媒体广告属于_____的广告形式，通过_____技术将广告内容呈现在纸张或其他平面材料上。

（2）户外广告是指在建筑物外表、街道或广场等_____场所设立的广告。

（3）网络广告_____性强，可_____用户行为并及时更新，也可根据用户数据进行_____。

（4）制造悬念的基本方法是_____。

### 2. 选择题

（1）【单选】在铅笔工具属性栏中，不可以设置（　）参数。

A. 画笔样式　　　　　B. 羽化　　　　　　C. 不透明度　　　　　D. 画笔大小

（2）【单选】Photoshop的图层样式不包含（　）选项。

A. 斜面和浮雕　　　　B. 投影　　　　　　C. 描边　　　　　　　D. 模糊

（3）【多选】文心一格具有（　）等AI创作功能。

A. 风格迁移　　　　　B. 生成商品图　　　C. 涂抹消除　　　　　D. 文生图

（4）【多选】下列广告形式属于网络广告的是（　）。

A. H5广告　　　　　　B. 动图广告　　　　C. 开屏广告　　　　　D. 视频广告

（5）【多选】下列关于户外广告的描述中，说法正确的有（　）。

A. 尺寸通常较大　　　　　　　　　　　　B. 可在固定地点长时间展示

C. 需要考虑户外环境的多变性　　　　　　D. 互动性强

### 3. 操作题

（1）某音乐App准备制作以二十四节气中的"立夏"节气为主题的开屏广告，要求尺寸为1080像素×2339像素，采用中国风设计，参考效果如图5-38所示。

（2）为某环保组织制作以"世界森林日"为主题的电梯广告，要求广告体现绿色、自然，尺寸为390毫米×550毫米，参考效果如图5-39所示。

（3）为某新上市的头戴式耳机设计产品广告，要求使用文心一格的生成商品图功能进行AI创作，广告要具有科技感且时尚，参考效果如图5-40所示。

图5-38　"立夏"节气开屏广告　　　　　图5-39　环保电梯广告

图5-40　头戴式耳机产品广告

**Ps**

第 **6** 章

# 海报设计

海报是平面化的艺术设计，经印刷、复制后可广泛张贴，作为宣传媒介，其应用场景甚至拓展到了网络，能够更广泛、有效、快速地传播信息。在这个信息化的时代，如何让海报成为焦点，吸引目标受众，是设计人员面临的重要挑战。这要求设计人员不仅要具备扎实的美术功底和创意思维，还要深入了解目标受众的需求和喜好，以及不同文化背景下的视觉审美习惯。

## 学习目标

▶ **知识目标**

◎ 了解海报的常见类型。
◎ 掌握海报设计构图。

▶ **技能目标**

◎ 能够使用 Photoshop 为海报合成创意画面、制作特效。
◎ 能够从专业的角度设计不同类型的海报。
◎ 能够借助 AI 工具完成多种风格的海报设计。

▶ **素养目标**

◎ 提升文化素养和社会责任感，通过海报设计传播正能量。
◎ 提高创新能力，培养对于海报特殊效果的构思与实践能力。

## STEP 1　相关知识学习　　　　　　建议学时：___1___学时

| | |
|---|---|
| **课前预习** | 1. 扫码了解海报的概念、海报与招贴的关系，建立对海报的基本认识。<br>2. 欣赏不同风格的海报设计案例，提升审美水平。 |
| **课堂讲解** | 1. 海报的常见类型。<br>2. 海报设计构图。 |
| **重点难点** | 1. 学习重点：公益海报、商业海报、文艺娱乐海报的含义。<br>2. 学习难点：公益海报、商业海报、文艺娱乐海报的设计要点。 |

课前预习

## STEP 2　案例实践操作　　　　　　建议学时：___3___学时

| | | | |
|---|---|---|---|
| **实战案例** | 1. 设计节约用水公益海报。<br>2. 设计品牌商业海报。<br>3. 设计电影创意海报。 | **操作要点** | 1. 通道的基础应用、通道运算的应用。<br>2. 图层蒙版、剪贴蒙版、矢量蒙版、快速蒙版的运用。<br>3. 滤镜的运用。 |

**案例欣赏**

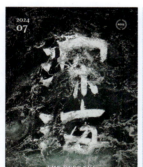

## STEP 3　技能巩固与提升　　　　　　建议学时：___4___学时

| | |
|---|---|
| **拓展训练** | 1. 设计爱心公益海报。<br>2. 设计新品上市商业海报。<br>3. 设计水墨风画展海报。 |

| AI 辅助设计 | 1. 使用文心一言生成水墨风长城海报。<br>2. 使用文心一格设计科幻电影海报。 |
| --- | --- |
| 课后练习 | 通过填空题、选择题、操作题巩固理论知识，并提升设计能力与实操能力。 |

## 6.1　行业知识：海报设计基础

海报不仅是商业传播和文化交流的重要工具，更是一种艺术表达载体。随着市场和受众审美的变化，海报设计行业不断发展、创新，设计人员应积极探索新的设计形式和技巧，以适应行业发展的需要。

### 6.1.1　海报的常见类型

海报按其内容和主题，大致可以分为商业海报、公益海报、文艺娱乐海报3类。

- **商业海报**。商业海报是指以宣传产品或商业服务为目的的海报，多以产品推广、品牌宣传、企业宣传、促销活动等为主题，如图6-1所示。商业海报的设计，要恰当地配合产品的格调和受众对象，迅速吸引目标受众的注意，突出产品或服务的特点和优势。

**辉柏嘉彩铅海报**
彩色铅笔笔尖应是笔芯，而这两张海报分别用形状相似的松树、雪山顶进行替代，充分地体现了辉柏嘉铅笔的色彩源于自然，通过巧妙的创意加深了受众对品牌的印象

图6-1　商业海报

- **公益海报**。公益海报是指不以营利为目的、服务于公众或公共利益的海报，主要用于宣传公共道德、公共法规、社会文化、时代观念、优秀传统等，旨在潜移默化地启迪和教育公众，如图6-2所示。公益海报的设计重点是"公益"，内容应通俗易懂，能触动人心、引发共鸣，应尽可能地让更多的人看懂并认同创作者的观点。
- **文艺娱乐海报**。文艺娱乐海报是与文化、娱乐、艺术相关的海报，涵盖电影、音乐、艺术展览、节日民俗、戏剧演出等各种文艺娱乐活动，如图6-3所示。文艺娱乐海报的设计，可以充分表达个人独特的想法，通过运用各种艺术手法和创意技巧，展现活动的亮点和吸引力，营造氛围和情感体验的同时提供必要的信息，方便公众了解和参与。

世界自然基金会
公益海报
这组海报生动地展
现了滥捕滥伐、冰
川融化现象，提醒
人们保护自然刻不
容缓

图6-2　公益海报

**设计大讲堂**

　　世界自然基金会推出了多个系列的公益海报，将不同创意、环保主旨及其社会意义融入设计，以其新颖、美观的视觉效果引发公众认同和共鸣，从而参与环保。设计人员应具有环保责任感，通过自身作品宣传环保理念，同时也应从自身做起，减少浪费、降低污染，为可持续发展贡献力量。

《风味人间 第2季》纪录片海报
这组海报分别将蜂蜜、粽叶化作广
阔的天地，渔夫、农夫劳作其中，
食材与风景、意境完美融合，韵味
十足，展现出人与自然食材和谐的
关系。另外，每样食材都被放大处
理，食材肌理呈现出节奏与韵律
美，整体布局和谐，留白恰到好
处，整体设计具有通透、疏朗的视
觉效果

图6-3　文艺娱乐海报

## 6.1.2　海报设计构图

　　在海报设计中，合理的构图能够凸显画面重点，区分出信息的先后浏览顺序，以更好地展现各类信息，使受众快速找到海报核心内容。

- **垂直型构图**：通过将海报元素竖向摆放，使元素具有稳定、挺拔、有力、有序等特点，能引导受众纵向浏览，对海报内容与主题产生清晰、明确的认知，如图6-4所示。
- **水平型构图**：将图像和文字呈横排一字摆放，形成画面的水平参考线。位于画面中间的水平参考线能给人稳定、平衡的感觉，位于画面偏上位置的水平参考线能给人广阔的感觉，位于画面偏下位置的水平参考线能给人高、远的感觉，如图6-5所示。

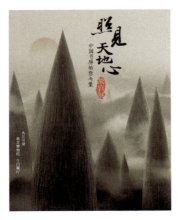

图6-4　垂直型构图　　　　　　　图6-5　水平型构图

**设计大讲堂**

　　书法兼具象形性和意境，毛笔柔软而有弹性的特质使其可在宣纸上产生墨色变化，创作出粗细、形态不同的书法笔画，从而表现书写时的节奏感，传达书写者的情感。将书法等中国传统元素运用在平面设计中，可以增强作品的文化韵味。然而，这一过程不应只简单地拼凑、叠加元素，更应在深刻认知传统元素后进行融合与再创造。面对日新月异的国际设计思潮，设计人员不能一味地刻板守旧、盲目跟从，要去粗取精，适应时代变化，赋予传统元素新的活力，在继承中创新、在创新中发扬。

● **重复型构图**：用相似或相同的图像、文字等元素，进行多次重复的排列，容易吸引受众目光，如图6-6所示。但一味重复容易使画面显得枯燥、乏味，令受众产生视觉疲劳，因此还要注意融入一些画龙点睛的元素。

● **放射型构图**：海报中的元素向四周或明确方向呈放射状发散，有利于统一视觉中心，产生强烈的运动感和视觉冲击力，如图6-7所示。这种构图一般有两种呈现方法：一是由某个点（多为画面的中心点）向四周放射；二是由某个点向某个方向放射。放射型构图可以创造绚烂、丰富、热烈、欢快、纷繁、动感的海报效果。

图6-6　重复型构图　　　　　　　图6-7　放射型构图

- **曲线型构图**：海报中的元素沿曲线编排，呈蜿蜒之势，具有律动感，给人优美、柔和、奇妙的感觉，能有效引导受众视线，如图6-8所示。
- **透视型构图**：依据事物的透视关系，将海报中纵深方向的线条都汇聚到一点，逼真地展现事物间的真实关系，强化空间感，有效引导受众视线，如图6-9所示。

图6-8　曲线型构图　　　　　　图6-9　透视型构图

- **对称式构图**：以某条线为对称轴，图像与文字沿对称轴排列，将海报划分为大致对称、对等的两部分，具有和谐、平衡、稳定、自相呼应的效果，如图6-10所示。但过于绝对的对称式构图容易使海报整体显得呆板、严肃，所以可以在对称中进行巧妙变化。
- **倾斜式构图**：将海报中的元素倾斜摆放，受众视线会随倾斜方向而移动，如图6-11所示。倾斜式构图能带来强有力的动感，使人感到轻松、愉快，也能产生不稳定的感觉，常用于表现动感、失衡、流动、危险等。

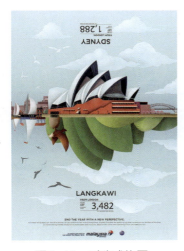

图6-10　对称式构图　　　　　　图6-11　倾斜式构图

● **散点式构图**：将元素分散在海报的各个位置，看起来随意、轻松，但都是经过精心设计的。这种构图方式可以创造出不规律的节奏与动势，使画面更加饱满、充实，能够活跃画面气氛，增强视觉张力，如图6-12所示。

● **物体轮廓构图**：以主体元素的轮廓为边界，将其他主要内容巧妙地填充进轮廓，让它们的视觉观感更加突出，让海报更加生动活泼、更有设计感，如图6-13所示。

图6-12　散点式构图

图6-13　物体轮廓构图

## 6.2　实战案例：设计节约用水公益海报

### 案例背景

"世界水日"为每年的3月22日，某组织准备在节日到来之际举办一些有关节约用水的宣传活动，提高公众的节水意识，现需设计公益海报，具体要求如下。

（1）海报尺寸为27厘米×54厘米，分辨率为150像素/英寸。

（2）以"世界水日"为主题，并添加与节约用水相关的宣传语和图像，要有视觉冲击力。

> **设计大讲堂**
>
> 设计不仅是一种艺术表达形式，更是一种社会责任的体现。一张节约用水公益海报可以通过直观的水滴图案或干涸的河床等象征性元素，传达出水的珍贵及节约的重要性。这样的设计简洁而有力，能够迅速引起公众对保护水资源的关注，共同守护我们的蓝色星球。

### 设计思路

（1）构图设计。采用垂直的对称式构图，居中展示主要文案和主体图像。

（2）色彩设计。以蓝色为主色，符合人们对水的印象；以绿色为辅助色，符合大自然给人们的印象。

图6-14　节约用水公益海报参考效果

本例的参考效果如图6-14所示。

**操作要点**

（1）运用图层混合模式、矢量蒙版、图层蒙版合成海报图像。

（2）通过智能滤镜、滤镜库、"扭曲"滤镜组制作特殊效果。

操作要点详解

### 6.2.1　设计海报图像

微课视频

设计海报图像

在"水滴"轮廓中填充青山绿水的风景图像，以展现水滋养万物的美好景象。制作溪流从水滴内部流淌到海报底部的效果，增强视觉冲击力。此外，针对海报图像，还可以运用滤镜、图层混合模式制作水彩画、土地缺水干裂的特殊效果，增添创意。其具体操作如下。

（1）新建名称为"节水公益海报"、大小为"27厘米×54厘米"，分辨率为"150像素/英寸"的文件。

（2）置入"水滴背景.jpg"素材，调整其大小和位置，使其刚好填满整个画面，如图6-15所示。置入"风景png"素材，设置该图层的混合模式为"正片叠底"，将其移至水滴图像上，调整至合适大小。

（3）使用"钢笔工具" 沿着水滴图像轮廓绘制路径，如图6-16所示。选择【图层】/【矢量蒙版】/【当前路径】命令，"风景"图层缩览图右侧出现矢量蒙版，单击矢量蒙版缩览图，在显示的"蒙版"属性面板中设置羽化为"7像素"，效果如图6-17所示。

（4）选择【图像】/【调整】/【亮度/对比度】命令，打开"亮度/对比度"对话框，设置亮度、对比度分别为"8""58"，使风景图像的色彩更鲜明，单击 确定 按钮。

（5）选择【滤镜】/【扭曲】/【球面化】命令，打开"球面化"对话框，设置模式、数量分别为"正常""10"，单击 确定 按钮，模拟透过水滴球形表面看内部的效果，使水滴中的风景效果更真实、通透。

（6）置入"水流.png"素材，按【Ctrl+T】组合键进行自由变换，使其上端衔接风景图像中的溪流，营造溪流从水滴内部延伸出来的效果，如图6-18所示。在"图层"面板底部单击"添加图层蒙版"按钮 ，选择"橡皮擦工具" ，设置笔尖样式为"柔边圆"，大小为"500像素"，将顶端的水流部分擦掉，使其与溪流的衔接更真实、自然，前后的对比效果如图6-19所示。

（7）按【Alt+Shift+Ctrl+E】组合键盖印图层，选择【滤镜】/【转换为智能滤镜】命令，转换为智能滤镜的图层，其图层缩览图右下角将出现一个 图标，之后为该智能图层添加的滤镜都将变为智能滤镜。可以轻松还原应用滤镜前的画面效果，便于随时更改滤镜参数、影响范围等。

操作小贴士

　　在"图层"面板中双击"智能滤镜"子图层后的 ≡ 图标，可打开相应滤镜的对话框对滤镜进行编辑。单击"智能滤镜"子图层前的 ◉ 按钮，可隐藏所有的智能滤镜效果；单击某个智能滤镜前的 ◉ 按钮，则只隐藏该滤镜的效果。

　　（8）选择【滤镜】/【滤镜库】命令，打开"滤镜库"对话框，在"素描"列表中选择"水彩画纸"选项，设置纤维长度、亮度、对比度分别为"10""62""57"；单击对话框右下角的"新建效果图层"按钮 ⊞，在"纹理"列表中选择"纹理化"选项，设置缩放、凸现、光照分别为"200""4""左"，单击 确定 按钮，效果如图6-20所示。

图6-15　添加素材　　　　图6-16　绘制路径　　　图6-17　羽化矢量蒙版效果

　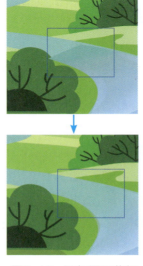　

图6-18　添加水流素材　　图6-19　添加图层蒙版　　图6-20　应用滤镜

### 6.2.2 制作文字效果

微课视频

制作文字效果

节约用水公益海报的标题为"世界水日"的中英文，使用路径文字、滤镜为其制作弧形和波浪效果，模拟水波形态。在海报底部的水流图像中输入宣传标语，呼吁人们节约用水，再次强调主题。其具体操作如下。

（1）使用"钢笔工具"  在水滴顶部绘制弧形路径。选择"横排文字工具"  ，将鼠标指针移至路径左端，鼠标指针变为  状态时单击，输入"世界水日"文字，设置字体为"方正锐正圆 简"、字体大小为"140点"、字距为"25"、文字颜色为深蓝色"#004093"，如图6-21所示。

（2）使用与步骤（1）相同的方法，在上方输入"WORLD WATER DAY"。同时选中这两个文字图层，选择【滤镜】/【转换为智能滤镜】命令。

（3）选择【滤镜】/【扭曲】/【波浪】命令，打开"波浪"对话框，设置生成器数为"5"，波长最小、最大为"3""8"，波幅最小、最大为"1""2"，比例水平、垂直均为"100%"，选中"正弦"单选项和"折回"单选项，单击  确定  按钮，效果如图6-22所示。

（4）使用"横排文字工具"  在海报底部输入宣传标语文字，然后置入"强调线.png"素材，放到最后一句下方。

（5）置入"干裂效果.jpg"素材，设置图层混合模式为"叠加"，最终效果如图6-23所示。

图6-21　输入路径文字　　　图6-22　制作波浪效果　　　图6-23　最终效果

## 6.3 实战案例：设计品牌商业海报

### 案例背景

在樱花盛开的季节，某婚纱旅拍摄影品牌希望借此推出特色旅拍服务。为了吸引更多潜在客户，该品牌决定设计一款商业海报，张贴在商场等人流量密集的场所，旨在通过樱花与婚纱的创意结合，展现出品牌服务的独特魅力，具体要求如下。

（1）海报的主题必须突出樱花季和婚纱照两大元素，通过樱花和婚纱，营造浪漫、唯美的氛围。

（2）色彩搭配清新、鲜亮，添加旅拍服务和价格信息，要能迅速抓住客户的眼球。

（3）海报为横版，尺寸为80厘米×45厘米，分辨率为150像素/英寸，使用CYMK颜色模式。

### 💡 设计思路

（1）构图设计。背景采用放射型构图，利用云朵、樱花、蓝天等元素，打造浪漫的樱花季场景。同时，在海报右下角添加婚纱照图像，突出品牌服务，居中展示标题和品牌服务的具体信息。

（2）色彩设计。以樱花的粉色和天空的蓝色为主色，应用于背景图像和文本；以白色为辅助色，以绿色、淡黄色、黑色为点缀色，营造自然、清新的氛围。

本例的参考效果如图6-24所示。

图6-24　品牌商业海报参考效果

操作要点详解

### ⌖ 操作要点

（1）结合通道的基本操作和"计算"命令抠取婚纱照素材中的人物。

（2）使用快速蒙版制作海报背景。

微课视频

## 6.3.1　抠取半透明婚纱

抠取半透明婚纱

品牌方提供的婚纱照素材自带背景，为了方便在海报中运用，需先将新娘和婚纱主体抠取出来。但是婚纱是半透明的，若直接抠取将包含背景色，为了使抠取的婚纱通透自然，可以使用通道和"计算"命令。其具体操作如下。

（1）打开"婚纱照.jpg"素材，按【Ctrl+J】组合键复制背景图层，得到"图层1"。选择"钢笔工具" ，设置工具模式为"路径"，沿着人物轮廓绘制路径，注意绘制的路径不包括半透明的婚纱部分。打开"路径"面板，双击路径打开"存储路径"对话框，设置路径名称为"路径1"，单击 确定 按钮，如图6-25所示。

（2）按【Ctrl+Enter】组合键将绘制的路径转换为选区。注意，若发现选区为人物外的背景，需要按【Shift+Ctrl+I】组合键反选选区。单击"通道"面板中的"将选区存储为通道"按钮，创建"Alpha 1"通道，选区自动填充为白色。

（3）复制黑白对比更鲜明的"蓝"通道，得到"蓝 拷贝"通道。选择该通道，隐藏其他通道，再使用"钢笔工具" 为背景图像绘制路径，按【Ctrl+Enter】组合键将路径转化为选区，再将选区填充为黑色，如图6-26所示。

图6-25　绘制并存储路径

图6-26　填充背景选区为黑色

**操作小贴士**

使用通道抠图时，可分别查看每个通道的对比效果，选择对比较明显的通道进行后续操作。用通道抠取背景图像时，除了使用"钢笔工具" 外，还可在前景色为黑色时直接使用"画笔工具" 涂抹，若想抠取得更精确一些，可以调小画笔大小。

（4）按【Ctrl+D】组合键取消选区，选择【图像】/【计算】命令，打开"计算"对话框，设置源2通道为"Alpha1"，设置混合为"相加"，单击 确定 按钮，在"通道"面板中可查看计算通道后的效果，如图6-27所示。

（5）单击"通道"面板底部的"将通道作为选区载入"按钮 ，载入通道的人物选区。切换到"图层"面板，选择"图层1"，按【Ctrl+J】组合键复制选区内容到新图层上，隐藏其他图层，查看抠取的婚纱效果，如图6-28所示。

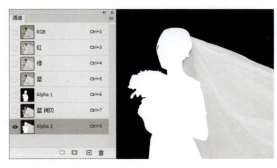

图6-27　计算通道后的效果

图6-28　抠取的婚纱效果

### 6.3.2 布局海报图像和品牌信息

　　海报背景图像为放射型构图的蓝天白云和樱花图像，可以营造出樱花季氛围，并有利于聚焦受众视线。在海报中央添加字体较大且清晰的宣传语，并利用不同的文本颜色、大小、底纹展示不同类型的信息，便于受众识别。其具体操作如下。

　　（1）新建名称为"品牌商业海报"、大小为"80厘米×45厘米"、分辨率为"150像素/英寸"、颜色模式为"CYMK颜色"的文件。置入"蓝天.png"素材，调整其大小和位置，使其刚好填满整个画面。

　　（2）打开"云层.psd"素材，将其中的图层组拖曳到海报中，通过【编辑】/【变换】命令调整各个云朵的位置、大小、形状和方向，使其具有向中央聚拢的效果，如图6-29所示。

　　（3）打开"樱花.psd"素材，将其中的图层组和"组9 副本"图层拖曳到海报中，调整其大小和位置。

　　（4）单击"图层"面板底部的"创建新的填充或调整图层"按钮●，在弹出的菜单中选择"色相/饱和度"命令，打开"色相/饱和度"属性面板，并在"图层"面板中创建"色相/饱和度 1"调整图层，在"色相/饱和度"属性面板中设置饱和度为"+39"。

　　（5）按【Alt+Ctrl+G】组合键，将调整图层创建为樱花素材图层组的剪贴蒙版，使调色效果仅作用于图层组，而不影响其他背景图像，效果如图6-30所示。

　　（6）将目前所有内容创建为"背景"图层组。选择"画笔工具"▟，在其工具属性栏中设置画笔笔尖样式为"柔边圆"、大小为"1000像素"、不透明度为"80%"。单击工具箱下方的"以快速蒙版模式编辑"按钮▣，或按【Q】键进入快速蒙版编辑状态。设置前景色为黑色，使用"画笔工具"▟在图像右下方涂抹，涂抹区域将呈半透明的红色，如图6-31所示。

　　图6-29　调整云朵　　　　　图6-30　添加并调整樱花　　　　图6-31　快速蒙版模式编辑

　　（7）选择【滤镜】/【滤镜库】命令，打开"滤镜库"对话框，在"画笔描边"列表中选择"喷色描边"选项，设置描边长度、喷色半径、描边方向分别为"20""25""左对角线"；单击对话框右下角的"新建效果图层"按钮回，在"纹理"列表中选择"龟裂缝"选项，设置裂缝间距、裂缝深度、裂缝亮度分别为"51""7""9"，单击（　确定　）按钮。

　　（8）按【Q】键退出快速蒙版编辑状态，得到图像选区，如图6-32所示。选中"背景"图层组，单击"图层"面板底部的"添加图层蒙版"按钮▢，效果如图6-33所示。

　　（9）选中蒙版，在"蒙版"属性面板中设置密度为"92%"。将抠取的婚纱效果图层拖曳到海报右下角，效果如图6-34所示。

　　（10）打开"艺术字.psd"素材，将其中的标题移至海报中央，调整其大小和位置。使用

"矩形工具" ▭ 在标题下方绘制白色的圆角矩形，使用 "椭圆工具" ○ 在标题上方绘制8个等大的深粉色圆形，如图6-35所示。

（11）使用 "横排文字工具" T. 输入图6-36所示的文字，设置合适的文字格式。为 "预定婚纱照·定格美好瞬间" 文字图层添加白色的 "描边" 图层样式。

图6-32　快速蒙版选区

图6-33　蒙版效果

图6-34　添加婚纱图像

图6-35　添加标题并绘制图形

图6-36　输入文字

# 6.4　实战案例：设计电影创意海报

## 案例背景

《深海》是一部悬疑冒险类网络大电影，讲述了主角在深海中探索未知世界、面临重重挑战的惊险故事。为了配合电影的宣传，现需要设计一幅电影创意海报，具体要求如下。

（1）海报尺寸为1240像素×1754像素，分辨率为150像素/英寸。

（2）海报效果引人注目、气势磅礴，具有神秘、深沉的气氛。

（3）突出大海元素，强调电影名称，并用一句话简单介绍影片内容。

## 设计思路

（1）构图设计。以海水为背景，以片名 "深海" 为中央焦点进行垂直型构图，放大片名做强调处理，其四周可展示上映时间、影片简介等信息。

（2）色彩设计。以较深的海水颜色——深湖绿色为背景主色，营造深不可测、神秘、紧张的气氛。以白色为文本颜色，提高文字的识别度。

本例的参考效果如图6-37所示。

图6-37　电影创意海报参考效果

### 操作要点

（1）通过"置换"扭曲滤镜制作文字融入海水的特殊效果。

（2）运用蒙版、图层混合模式、Camera Raw滤镜优化海报的视觉效果。

制作片名特效

### 6.4.1　制作片名特效

由"深海"二字可联想到深海图像，因此可制作片名文字融入海水的特殊效果，加强氛围感。其具体操作如下。

（1）新建名称为"电影创意海报"、大小为"1240像素×1754像素"、分辨率为"150像素/英寸"的文件。设置前景色为深湖绿色"#004843"，按【Alt+Delete】组合键填充前景色。

（2）置入"海水.jpg"素材，调整其大小和位置。在"图层"面板中双击"海水"图层缩览图，打开"海水.jpg"文件窗口，将其另存为PSD格式。

（3）使用"横排文字工具" T.在海报中输入"深海"文字，设置字体为"演示佛系体"、行距为"288点"、文字颜色为白色"#ffffff"，调整其大小和位置，效果如图6-38所示。

（4）选择【滤镜】/【转换为智能滤镜】命令，将文字图层转换为智能图层。选择【滤镜】/【扭曲】/【置换】命令，打开"置换"对话框，设置水平比例、垂直比例分别为"50""50"，选中"伸展以适合""重复边缘像素"单选项，勾选"在智能对象中嵌入文件数据"复选框，单击 确定 按钮，打开"选取一个置换图"对话框，在其中选择之前保存的"置换.psd"文件，单击 打开(O) 按钮。隐藏"海水"图层，查看文字置换出的海水效果，如图6-39所示。

（5）显示"海水"图层，为了使文字与背景图像更好地融合，调整该文字图层的不透明度为"90%"，效果如图6-40所示。

图6-38　输入片名

图6-39　查看文字置换效果

图6-40　完成片名特效

微课视频

完善海报画面

### 6.4.2 完善海报画面

制作完包含片名特效的背景后，还需要添加电影上映日期、宣传语等文字信息，然后根据文字与背景的整体效果，优化海报的视觉效果，如加强质感、提高文字清晰度。其具体操作如下。

（1）打开"电影海报文案.psd"素材，将其中的"文案"图层组拖入海报，并排版布局其中的元素，效果如图6-41所示。

（2）此时海报底部的背景太亮，导致白色文案识别度不高。可选中"海水"图层，单击"添加图层蒙版"按钮■，选择"橡皮擦工具" ✎，设置画笔笔尖样式为"柔边圆"、大小为"130像素"、流量为"10%"，在底部背景处适当涂抹，隐藏过亮的图像，效果如图6-42所示。

（3）按【Shift＋Ctrl＋Alt＋E】组合键盖印图层，设置盖印图层的混合模式为"柔光"、不透明度为"50%"，此时海报画面变得更加清晰。

（4）再次按【Shift＋Ctrl＋Alt＋E】组合键盖印图层，选择【滤镜】/【Camera Raw 滤镜】命令，打开"Camera Raw"对话框，展开"效果"栏，设置晕影为"-28"，调整出暗角效果，让电影海报更有质感，单击 确定 按钮，最终效果如图6-43所示。

图6-41　添加电影海报文案　　　图6-42　隐藏海报底部过亮的图像　　　图6-43　最终效果

## 6.5 拓展训练

实训1　设计爱心公益海报

### 实训要求

（1）每年的4月2日为"世界自闭症关注日"，自闭症儿童被诗意地称为"星星的孩子"。为了加强社会对自闭症儿童的关注、理解和关爱，现需设计一张爱心公益海报用于宣传。

（2）海报尺寸为30厘米×45厘米，分辨率为300像素/英寸，图像具有创意，视觉效果舒适、柔和。

### 操作思路

（1）添加素材，运用图层混合模式、蒙版合成具有梦幻感的背景。

（2）添加星星、儿童和鲸的图像，通过"画笔工具" ✏、"动感模糊"滤镜、图层样式、蒙版制作光影效果，适当增强亮度与对比度，完成主体图像的设计。

（3）输入文字，绘制装饰图形，运用蒙版、图层不透明度制作特殊效果。

具体设计过程如图6-44所示。

①合成背景　　　　　　　　②制作主体图像　　　　　　　　③添加并装饰文字

图6-44　爱心公益海报设计过程

### 实训2　设计新品上市商业海报

### 实训要求

（1）某手机品牌上市一款新手机，需要制作海报在网络上进行宣传，海报要有手机型号、卖点、开售时间等信息。

（2）海报尺寸为260像素×600像素，风格简约、大气，标题和手机的视觉效果突出。

### 操作思路

（1）填充前景色，添加素材合成背景，将手机主体放大展示。

（2）输入顶部文案，强调手机型号；运用图层蒙版、剪贴蒙版、图层样式为标题制作特殊效果；运用"矩形工具" ▭ 绘制"开启预约中"按钮，输入底部文案，说明预约时间。

具体设计过程如图6-45所示。

①制作背景　　　　　　②输入顶部文案　　　　　③制作标题特殊效果　　　　　④输入底部文案

图6-45　新品上市商业海报设计过程

## 实训要求

（1）某中国画展览需要制作宣传海报，要求将提供的风景照片素材制作成水墨风效果。

（2）海报尺寸为60厘米×80厘米，分辨率为100像素/英寸，使用CMYK颜色模式，体现展览的时间、地点、中国画主题等内容。

## 操作思路

（1）复制"背景"图层，为风景照片素材去色；复制图层，应用"查找边缘"滤镜、"叠加"图层混合模式制作初步的效果。

（2）复制"背景"图层到"图层"面板顶层，应用"方框模糊"和"表面模糊"滤镜、"正片叠底"图层混合模式制作彩色水墨晕染的效果。

（3）盖印图层，此时水墨效果的阴影过重、细节不明显、色调偏黄、色彩不鲜明，可使用"阴影/高光""曲线""自然饱和度""曝光度"等命令调整，优化水墨风效果。

（4）以水墨风效果的风景照片为背景，添加装饰素材和文字，进行画展海报的制作。

具体设计过程如图6-46所示。

①制作彩色水墨晕染的效果

②优化水墨风效果

③添加装饰素材和海报信息

图6-46　水墨风画展海报设计过程

## 6.6　AI辅助设计

**文心一言**　**生成水墨风长城海报**

　　虽然文心一言是一个以文本处理为主的AI工具，但其在AI绘画方面的表现也不错，它可以根据文字描述或简单的草图，绘制出各种风格的精美画作。因此，文心一言在文学、电影等领域中也有着广泛的应用，如创作插画、制作电影海报等。下面使用文心一言生成水墨风长城海报。

### 提问

　　提问方式："请画一幅画："+绘画形式与风格+明确主题与内容＋指示色彩或氛围+画面构图与视角+细化画面元素。

　　示例：
　　请画一幅画：水墨风，万里长城，朦胧，层次分明，宏伟壮丽，中国画，国富民强，红色印章。

请画一幅画：水墨风，万里长城，朦胧，层次分明，宏伟壮丽，中国画，国富民强，红色印章。

## 文心一格　设计科幻电影海报

　　文心一格具有生成海报的AI创作功能，该功能支持排版布局与风格选择，设计人员可分别描述海报主体、海报背景来生成海报。此外，文心一格AI创作的"推荐"功能还可以根据电影的主题和风格，智能匹配色彩、构图等设计元素，使海报与电影主题和内容更加契合。例如，使用文心一格设计《赛博朋克城市》科幻电影海报，各种复杂的特效（如爆炸、火焰、光影等）逼真而震撼。

### 文生图

使用方式：输入关键词。

关键词描述方式：海报主体描述+海报背景描述。

主要参数：排版布局、海报风格、数量。

**示例1**

模式：AI创作>海报。

海报主体：科幻电影，机器人，交通，特效，光芒。

海报背景：赛博朋克风格，科幻城市，高楼大厦，霓虹灯，特效光芒，光效，粒子。

排版：竖版9∶16底部布局。

海报风格：平面插画。

数量：2。

示例1效果：

示例2效果：

示例2
模式：AI创作>推荐。
画面类型：艺术创想。
版式：竖图。
关键词：科幻电影，赛博朋克风格，科幻城市，机器，高楼大厦，霓虹灯，霓虹色彩，特效光芒，光效，粒子。
数量：2。

拓展训练

请在文心一格中通过输入不同关键词，选择不同的布局与比例，生成科幻电影海报。

# 6.7 课后练习

### 1．填空题

（1）公益海报是指不以＿＿＿＿＿为目的，服务于＿＿＿＿＿＿＿＿的海报。

（2）＿＿＿＿＿＿构图具有稳定、挺拔、有力、有序等特点。

（3）对于放射型构图的海报，其元素向＿＿＿＿＿或＿＿＿＿＿＿呈放射状发散。

（4）＿＿＿＿＿＿构图能带来强有力的动感，可用于表现动感、失衡、流动、危险等。

（5）文心一格AI创作的"海报"模式支持设计人员分别描述＿＿＿＿＿＿和＿＿＿＿＿＿。

### 2．选择题

（1）【单选】按（　　）组合键，可以将路径转化为选区。

A．【Ctrl+Enter】　　　B．【Shift+Enter】　　　C．【Shift+Ctrl】　　　D．【Ctrl+G】

（2）【单选】Photoshop的滤镜库中不包含（　　）滤镜。

A．纹理化　　　　　　B．球面化　　　　　　C．水彩画纸　　　　　　D．龟裂缝

（3）【多选】商业海报是指宣传产品或商业服务的海报，多以（　　）等为主题。

A．产品推广　　　　　B．品牌宣传　　　　　C．促销活动　　　　　D．企业宣传

（4）【多选】下列关于海报构图的说法中，正确的有（　　）。

A．透视型构图可以逼真地展现事物间的真实关系，强化空间感

B．物体轮廓构图以主体元素的轮廓为边界，将其他主要内容巧妙地填充进轮廓

C．重复型构图一味重复容易使画面显得枯燥、乏味，令受众产生视觉疲劳

D. 对称式构图将海报划分为完全对称、对等的两部分，具有平衡、稳定的效果

### 3. 操作题

（1）在雪景照片素材的基础上，通过滤镜功能制作下雪效果，并搭配文案和装饰线条，制作出"小雪"节气海报，海报尺寸为20厘米×28.5厘米，参考效果如图6-47所示。

（2）某艺术展需要制作宣传海报，要求体现展览主题、联系电话、地址、时间等信息，海报尺寸为50厘米×70厘米，要有很强的设计感和艺术性，参考效果如图6-48所示。

（3）某甜品店准备上新几款甜品，需要设计相应的上新海报，海报尺寸为50厘米×70厘米，要求具有吸引力，充分展现新款甜品的信息，参考效果如图6-49所示。

（4）为科幻电影《星球大战》设计海报背景，要求使用文心一格进行AI创作，要有科技感、冲击力，参考效果如图6-50所示。

图6-47　"小雪"节气海报　　　　图6-48　艺术展宣传海报　　　　图6-49　甜品店海报

图6-50　科幻电影海报背景

**Ps**

第 **7** 章

# 包装设计

日常生活中，产品的包装设计如同无声的销售员，吸引着人们的注意。它不仅是包装和保护产品的实用工具，也是消费者与产品接触的开始。巧妙的包装设计可以赋予产品独特的特点，使其在竞争激烈的市场中脱颖而出，提升消费者的购买欲望，从而提高产品销售额。同时，它还搭建起品牌与消费者沟通的桥梁，通过视觉语言精准传达品牌的理念和形象。

## 学习目标

▶ **知识目标**

◎ 了解包装图形创意和文字创意。
◎ 掌握包装版式编排方式。

▶ **技能目标**

◎ 能够使用 Photoshop 抠取包装元素、制作包装图像。
◎ 能够以专业的手法设计不同类型的包装。
◎ 能够借助 AI 工具完成包装的创意设计。

▶ **素养目标**

◎ 拓宽思路，从多角度、多层面思考包装设计问题。
◎ 提升将理论应用于实践的能力，提高包装设计作品的实际应用价值。

## STEP 1 相关知识学习          建议学时：__1__ 学时

| | |
|---|---|
| **课前预习** | 1. 扫码了解包装与包装设计，以及包装设计流程，建立对包装的基本认识。<br>2. 上网搜索包装设计案例，通过欣赏包装设计作品提升对包装的审美。 |

课前预习

| | |
|---|---|
| **课堂讲解** | 1. 包装图形创意及文字创意。<br>2. 包装版式编排方式。 |
| **重点难点** | 1. 学习重点：包装图形的沟通与传达，变形、图意化包装文字，色块分割式、文字式、平铺式、局部镂空式、焦点式、图标式编排。<br>2. 学习难点：包装图形的识别、个性，连用与共用包装文字笔画，包围式、组合式、局部式编排。 |

## STEP 2 案例实践操作          建议学时：__4__ 学时

| | | | |
|---|---|---|---|
| **实战案例** | 1. 设计月饼礼盒包装。<br>2. 设计蜂蜜罐包装。 | **操作要点** | 1. 渐变工具、对象选择工具、魔棒工具的运用。<br>2. 自定义图案、"填充"命令、填充与描边路径的运用。 |

| | |
|---|---|
| **案例欣赏** |   |

## STEP 3 技能巩固与提升          建议学时：__2__ 学时

| | |
|---|---|
| **拓展训练** | 1. 设计酱油瓶包装。<br>2. 设计茶叶包装盒和包装袋。 |
| **AI 辅助<br>设计** | 1. 使用Vega AI设计护肤品包装。<br>2. 使用IPensoul绘魂设计牛奶包装盒。 |
| **课后练习** | 通过填空题、选择题、操作题巩固理论知识，并提升设计能力与实操能力。 |

# 7.1 行业知识：包装设计基础

包装的视觉效果直接影响消费者对产品的印象。优秀的包装应色彩绚丽、图案美观，展现方式有创意，文字表达符合产品定位，版式设计合理。

## 7.1.1 包装图形创意

图形创意对于包装主题的表达、信息的传递至关重要。包装图形创意能塑造产品的独特性，激发消费者的购买欲望，还能与目标消费群体深刻而直观地沟通。包装图形创意具有三大要点。

● **识别**。包装要充分展示产品的Logo，使消费者通过图形能立刻识别产品。例如，百事可乐包装的红白蓝圆球Logo（见图7-1）、麦当劳包装的M字母形象等，都让人印象深刻。

● **沟通与传达**。产品包装要能与消费者进行浅层次的沟通，传达信息，如通过包装中的图形，准确传达产品信息或某些特殊的心理体验与感受。例如，儿童食品的包装常采用逼真的产品照片，配以儿童形象或者色彩鲜艳的卡通图形，与儿童父母及儿童本人进行视觉上的直接沟通，引起共鸣，形成"就要买这个产品"的视觉导向。图7-2所示的果汁包装将不同的水果立体图像融入设计，同时结合这些水果的自然色彩，向消费者快速、准确地传达果汁的原料与味道。

图7-1　百事可乐包装　　　　　　　　　图7-2　果汁包装

● **个性**。包装的个性主要体现在表达方式上，在进行包装图形设计时，可以用隐意的方式表达消费者对产品理想价值的要求，以促使消费者产生心理联想，激起消费者的购买欲望。图7-3所示的果干包装与常见的以具象和高填充度果实图案为主的设计截然不同，它以诗集的概念为基础，结合东方水墨意象的风格，大量运用留白，将果干自然展开的形态与流畅的飞白笔法相结合，画面清雅而灵动，同时选用低饱和度、中明度的颜色，呈现果干低温烘烤过程中逐渐成熟的色彩变化。

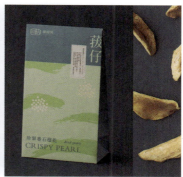

图7-3　果干包装

## 7.1.2　包装文字创意

在包装设计中，文字是信息的直接传递者，创意文字可以为产品塑造不同的气质与风貌，精准传达品牌信息，实现产品与消费者之间更深层次的沟通。

● **图意化**。文字的图意化是指发挥想象力，将文字与图形结合，通过象形字体设计突出文字的寓意，使文字意义从抽象转化为具象。要对包装中的文字进行图意化表现，首先需要充分挖掘文字的内在含义。图7-4所示的零食包装在"口"字中加入了舌头图案，使"口"字看起来像一个正要吃东西的嘴巴，这样的文字效果更图意化，同时整个包装更能体现产品特点。

图7-4　零食包装

● **变形**。文字的变形是指对文字的结构进行分割、删减、加粗、拉伸等操作，使文字在视觉上更具美感的同时保持原有的辨识度。图7-5所示的矿泉水包装就将"所以润"产品名称变形为波浪形状，给人一种水波纹的感受，与矿泉水的特点契合，视觉效果突出，给人滋润、舒适的印象。

● **连用与共用笔画**。文字笔画的连用与共用是指根据文字笔画的位置、走向，改变文字本身的造型，实现笔画与笔画的有机连接，加强文字的视觉传达效果。在调整文字笔画时，可根据文字偏旁部首的位置、大小及文字的空间结构灵活处理，使文字造型更具个性。图7-6所示的化妆品包装文字采用连笔的方式，实现了笔画与笔画的有机连接，增加了包装的美观度。

图7-5　矿泉水包装　　　　　　　　　　　　图7-6　化妆品包装

### 7.1.3 包装版式编排

在包装设计中，版式编排也是一门学问。好的版式可使包装结构分明，达到增加美观度、提高可读性的效果。

● **色块分割式。**色块分割式编排是指用大块的色块或图片把版面分成两部分或两部分以上，一般用一部分色块来展示图片（视觉主体部分），用其余部分来排列产品信息，如图7-7所示。这种编排方式有很好的延展性，便于内容的扩展。

● **包围式。**为了突出包装上的主要文字信息，将主要文字信息放在中间，用众多的图形元素将其包围起来以突出文字，如图7-8所示。这种编排方式不但能突出重要内容，而且使包装效果显得更加活泼、丰富。

图7-7　色块分割式编排　　　　　　　　　　图7-8　包围式编排

● **组合式。**组合式编排是指版面由一些分散的元素（如文字、图形等）构成，这些元素经过布局排列后最终达到图文合一的效果，如图7-9所示。这种编排方式比较灵活，更具代入感。

● **文字式。**文字式编排是指包装的大部分内容都由文字组成，主要包括品牌名称、产品名称、产品卖点等，如图7-10所示。这种编排方式弱化图形，强化文字，整体版面简洁、大方且美观。需注意的是，文字式编排不能出现视觉上的冲突，使文字主次不分，否则会引发视觉顺序的混乱。

图7-9 组合式编排

图7-10 文字式编排

● **局部式。** 局部式编排是指在单个包装中隐藏主体图形的某一部分，只展示图形的局部，如图7-11所示。该编排方式不仅能增强包装的趣味性，吸引消费者的注意，还能给消费者留下一定的想象空间。

● **图标式。** 图标式编排是指把品牌标志作为包装的视觉核心，使其形成一种独立的视觉效果，多用于酒类、茶叶类、化妆品类包装，构图自带高级感、品质感，如图7-12所示。

图7-11 局部式编排　　　　　　　图7-12 图标式编排

● **平铺式**。平铺式编排是指将包装的元素（如几何线条、仿古纹理、矢量图样等）设计成底纹铺满整个包装，让包装显得饱满充实，如图7-13所示。

图7-13　平铺式编排

● **局部镂空式**。局部镂空式编排是指将包装的某个部分设置成镂空的，再使用透明材质制作镂空部分，便于消费者查看产品，如图7-14所示。局部镂空式编排是包装画面元素和产品本身局部的有机结合，给了消费者更大的发挥想象力的空间。

● **焦点式**。焦点式编排是指将产品或能体现产品属性的图形作为主体，并将该主体放在视觉中心，以产生强烈的视觉冲击，如图7-15所示。

图7-14　局部镂空式编排　　　　　　　图7-15　焦点式编排

## 7.2　实战案例：设计月饼礼盒包装

### 案例背景

临近中秋节，某品牌决定推出新款月饼礼盒，为了满足消费者的审美需求和营造节日氛围，决定对今年的月饼礼盒包装进行全面升级，具体要求如下。

（1）月饼礼盒外部整体结构和内部单品结构均为天罩地式的罩盖盒结构，主要需设计天盖。外包装天盖尺寸为25厘米×25厘米；内包装盒分为两款月饼盒与一款刀叉盒，天盖尺寸分别为8.5厘米×8.5厘米、4厘米×20厘米。

### 设计大讲堂

　　罩盖盒结构是指盒体由两个独立的部分组成，一个作为盛装内容物的底盒，另一个作为覆盖在底盒上的罩盖。天罩地式是罩盖盒样式之一，其盒身称为"地盖"，盒盖称为"天盖"，盒盖较深，其高度基本等于盒体高度，封盖后天盖几乎把地盖全部罩起来。这种包装盒的天盖表面往往印刷着精美图案或加工的特殊工艺，常用于工艺品、食品、护肤品、电子产品等的包装。

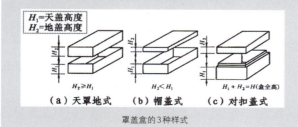

罩盖盒的3种样式　　　　　　天罩地式

　　（2）包装设计需体现中秋团圆、花好月圆的主题，展现中华文化的魅力。

　　（3）包装整体具有中秋佳节的节日氛围，能让消费者感受到节日的温馨和喜悦。

### 💡 设计思路

　　（1）图形设计。采用月饼、月圆之夜、玉兔、孔明灯等与中秋节相关的元素，结合中国风的山水插画背景、祥云纹理等装饰元素，设计出优美的月饼包装画面。

　　（2）文字设计。分别以"中秋团圆""花好月圆"为标题，采用有设计感的字体；其他文字内容应展现中秋节的传统节日属性、相关诗词，采用古典的宋体类字体。

　　（3）版式设计。采用更具代入感的组合式编排方式，灵活布局画面各元素。

　　本例的参考效果如图7-16所示。

图7-16　月饼礼盒包装参考效果

操作要点详解

### 🖱 操作要点

　　（1）使用渐变工具填充渐变背景，使用"渐变调整"属性面板编辑渐变效果。

（2）通过对象选择工具、魔棒工具、"扩大选取"命令抠取中秋节相关元素。

（3）通过画笔工具、"高斯模糊"滤镜、"垂直翻转"命令制作包装投影。

### 7.2.1 制作外包装平面图

先为外包装绘制从黑夜到有月光的渐变背景，然后在底部布局背景图像，抠取月饼图像使其自然融入包装背景，再在上方添加文字和装饰元素。其具体操作如下。

微课视频

制作外包装平面图

（1）新建名称为"外包装盒设计"、大小为"25厘米×25厘米"、分辨率为"300像素/英寸"、颜色模式为"CMYK 颜色"的文件。

（2）选择"渐变工具" ，在工具属性栏中选择"渐变"模式，单击"对称渐变"按钮，在图像编辑区下方按住鼠标左键，然后向上方拖曳鼠标到合适位置处释放鼠标，"图层"面板中将自动生成"渐变填充 1"调整图层，且"图层"面板上方显示"渐变调整"属性面板。

（3）在"渐变调整"属性面板中设置角度为"89.38°"、缩放为"106%"、渐变颜色为淡黄色"#f5f3bd"～深蓝紫色"#413a94"～深蓝色"#22308b"，如图7-17所示。

（4）置入"水池.png"素材，将其调整至图像编辑区底部，如图7-18所示。

（5）打开"国风插画.psd"素材，将其中的所有图层移至包装画面中布局，如图7-19所示。

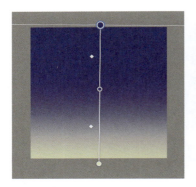

图7-17　填充渐变背景　　　　图7-18　添加水池图像　　　　图7-19　布局国风插画

（6）打开"纹样.psd"素材，将其添加到国风插画的右上方。

（7）打开"月饼.jpg"素材，选择"对象选择工具" ，将鼠标指针移至需要抠取的对象上，Photoshop会自动识别图像中的对象，并将其轮廓以洋红色显示，如图7-20所示，单击即可建立选区。如果识别得不准确，可使用"对象选择工具" 手动框选需要抠取的对象，如图7-21所示，释放鼠标即可建立选区，如图7-22所示。

（8）在上下文任务栏中单击"从选区创建蒙版"按钮 ，月饼抠取效果如图7-23所示。

（9）将抠取的月饼图像添加到包装画面中，调整其与插画图层的顺序，使其有前后遮挡关系，增强画面的空间感和层次感。

（10）打开"孔明灯.jpg"素材，选择"魔棒工具" ，在工具属性栏中设置容差为"5"，在白色背景处单击，Photoshop将自动为白色背景创建选区，按【Delete】键删除选区内容，如图7-24所示，然后将抠取的孔明灯图像添加到包装画面的右上角。

图7-20　自动识别效果　　图7-21　手动框选对象　　图7-22　建立月饼选区　　图7-23　月饼抠取效果

（11）打开"3只兔子.psd"素材，将其中的图层组添加到包装画面中月饼图像的周围，同样调整图层顺序。打开"标题.psd"素材，将图层组添加到包装画面的左上角，然后使用"椭圆工具" 在右上角绘制4个大小相同的金色圆环，效果如图7-25所示。

（12）使用"直排文字工具" IT. 在圆环中分别输入"中秋佳节"4个字，然后在左侧输入"中/国/传/统/节/日""每逢佳节倍思亲"文字。双击"中秋佳节"文字图层右侧的空白区，打开"图层样式"对话框，在左侧勾选"渐变叠加"复选框，在右侧设置颜色为金色系渐变"#c68f5d～#eebd7c～#f7e1c2"；在左侧勾选"投影"复选框，在右侧设置不透明度、距离、大小分别为"35""8""6"，单击 确定 按钮，效果如图7-26所示。

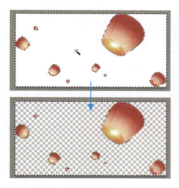

图7-24　抠取孔明灯

图7-25　绘制圆环

图7-26　外包装效果

## 7.2.2　制作内包装平面图

第一款月饼盒内包装可直接沿用外包装盒效果，然后在此基础上，通过改变其中的主要图像、标题内容，制作第二款月饼盒内包装。制作刀叉盒内包装时，由于外形为较窄的矩形，因此可竖向排列文字和中秋节元素。具体操作如下。

微课视频

制作内包装平面图

（1）新建名称为"月饼盒包装设计"、大小为"8.5厘米×8.5厘米"、分辨率为"300像素/英寸"、颜色模式为"CMYK颜色"的文件。

（2）新建"款式1"图层组，打开"外包装盒设计.psd"文件，按【Shift＋Ctrl＋Alt＋E】组合键盖印图层，将盖印后的外包装效果移至"款式1"图层组，作为第一款月饼盒包装。

（3）新建"款式2"图层组，将"外包装盒设计.psd"文件中图7-27所示的内容复制到"款式2"图层组中。置入"圆月.png"素材，调整大小、位置和图层顺序，效果如图7-28所示。

（4）打开"女子.png"素材，将其模式更改为"CMYK 颜色"，发现左下角的莲花颜色不合适，可以对其进行局部调色。选择"对象选择工具" ，手动框选墨蓝色的莲花部分，如图7-29所示，释放鼠标即可建立选区，如图7-30所示。此时发现莲花左上角还有两处较小的墨蓝色图像未被选中，按住【Shift】键依次分别框选这两处，将其添加到选区中，如图7-31所示。

（5）选择【选择】/【扩大选取】命令，加选所有位于"魔棒工具" 属性栏中设置的容差范围内的相邻像素，以更完整地选取不和谐的莲花部分，效果如图7-32所示。

（6）单击"图层"面板底部的"创建新的填充或调整图层"按钮 ，在弹出的菜单中选择"色相/饱和度"命令，创建"色相/饱和度 1"调整图层，选区将自动转换为图层蒙版并应用到该调整图层上，使调色效果仅作用于莲花部分。在"色相/饱和度"属性面板中设置色相、饱和度、明度分别为"+99""+85""+61"，效果如图7-33所示。

图7-27　沿用素材　　　　图7-28　添加圆月图像　　　　图7-29　框选莲花

图7-30　选区效果　　图7-31　继续框选　　图7-32　加选效果　　图7-33　调色效果

（7）按【Ctrl+Alt+G】组合键，将"色相/饱和度 1"调整图层创建为女子图像所在图层的剪贴蒙版，然后将这两个图层一起添加到包装画面中，效果如图7-34所示。

（8）打开"标题2.psd"素材，将其添加到包装画面的左上角，效果如图7-35所示，然后盖印图层。

（9）新建名称为"刀叉盒包装设计"、大小为"4厘米×20厘米"、分辨率为"300像素/英寸"、颜色模式为"CMYK 颜色"的文件。

（10）将之前效果文件中的渐变背景图层，以及标题2、兔子、月饼、孔明灯素材添加到第二款月饼盒包装画面中，重新布局，效果如图7-36所示，然后盖印图层。

图7-34　添加素材　　　　图7-35　第二款月饼盒包装效果　　　图7-36
盖印效果

### 7.2.3　制作包装盒立体效果

制作月饼礼盒的立体效果时，除了要将各个平面图贴合到对应的包装立体面上，还要制作礼盒的阴影和倒影效果，使礼盒的立体效果更加真实。具体操作如下。

微课视频

制作包装盒
立体效果

（1）打开"礼盒样机.psd"素材，将外包装盒的盖印效果添加到外包装的正面位置，创建为正面矩形的剪贴蒙版。使用相同的方法，将其他包装盖印效果添加到对应位置，并创建剪贴蒙版，效果如图7-37所示。

（2）制作倒影效果。按【Shift + Ctrl + Alt + E】组合键盖印图层，选择"魔棒工具"，单击浅色背景区域，将其创建为选区，按【Delete】键删除，按【Ctrl+D】组合键取消选区。

（3）按【Ctrl+T】组合键进入自由变换状态，向下移动盖印图层，使其顶部与原礼盒图像的底部对齐，然后在其上单击鼠标右键，在弹出的快捷菜单中选择"垂直翻转"命令，效果如图7-38所示。

（4）为了使倒影效果更加真实，选择【滤镜】/【模糊】/【高斯模糊】命令，打开"高斯模糊"对话框，设置半径为"3像素"，单击 确定 按钮。

（5）设置前景色为黑色，在"图层"面板底部单击"添加图层蒙版"按钮。选择"渐变工具"，在工具属性栏中单击"线性渐变"按钮，再单击渐变色条，在打开的下拉面板中展开"基础"文件夹，选择其中的"前景色到透明渐变"选项，在图像编辑区底部按住鼠标左键，向上拖曳鼠标至原礼盒图像顶部后释放鼠标。

（6）新建图层，选择"画笔工具"，设置画笔笔尖样式为"柔边圆"、大小为"43像素"、不透明度为"26%"，沿两个礼盒的交界处涂抹，制作阴影效果。

（7）在"图层"面板中，将倒影图层和阴影图层向下移动至底部的图层上方，包装盒立体效果如图7-39所示。

图7-37　添加包装平面图

图7-38　垂直翻转效果

图7-39　包装盒立体效果

# 7.3　实战案例：设计蜂蜜罐包装

## 案例背景

"蜂小檬"公司的"千小蜜"是一个以年轻消费者为市场的品牌，其主打产品为蜂蜜柠檬茶。为持续提升销量，需升级小罐包装，具体要求如下。

（1）制作21厘米×8厘米的包装展开图，并将其应用到蜂蜜罐上展示立体效果。

（2）配色清新、自然，突出蜂蜜和柠檬元素，展示产品参数、味道、成分、卖点等信息。

## 设计思路

（1）图形设计。绘制金色蜂蜜罐和青色柠檬的插画，增强包装吸引力。

（2）文字设计。以较大的字号展示产品名称，用底纹装饰突出卖点，并集中展示品牌、规格、保质期、生产许可证号等产品参数，再以表格形式展示营养成分表。

（3）版式设计。先运用色块分割式编排，以绿色填充包装展开图的左右两侧，以白色填充中间部分；再结合平铺式编排，将代表柠檬和蜂窝的圆形纹理布满整个包装。左侧展示字数较多的产品信息，右侧展示营养成分、卖点、条形码等产品信息，中间展示产品名称和插画。

本例的参考效果如图7-40所示。

图7-40　蜂蜜罐包装参考效果

**操作要点**

操作要点详解

电子书 P49—P62

（1）运用自定义图案、"填充"命令、"画笔设置"面板、填充与描边路径制作有设计感的包装背景。

（2）使用形状工具组、钢笔工具绘制包装插画。

（3）运用"变形"命令制作蜂蜜罐包装立体效果。

### 7.3.1　设计包装背景

为了高效制作包装背景，可先自定义圆点图案，然后结合填充图案的操作制作平铺式背景，再使用"画笔设置"面板、填充与描边路径制作珠串式描边效果。具体操作如下。

微课视频

设计包装背景

（1）新建名称为"圆点图案"、大小为"100像素×100像素"、分辨率为"72像素/英寸"的文件，隐藏"背景"图层。使用"椭圆工具"　　绘制直径为60像素的白色圆形，将其放到画布中央，如图7-41所示。

（2）选择【编辑】/【定义图案】命令，打开"图案名称"对话框，设置名称为"圆点"，单击 确定 按钮，将上一步绘制的白色圆形存储为图案。

（3）新建名称为"蜂蜜罐包装展开图"、大小为"21厘米×8厘米"、分辨率为"300像素/英寸"、颜色模式为"CMYK 颜色"的文件。

（4）设置前景色为黄绿色"#9ccb67"，按【Alt+Delete】组合键将背景填充为前景色。

（5）新建图层，选择【编辑】/【填充】命令，打开"填充"对话框，设置内容为"图案"、不透明度为"100"，在"自定图案"下拉列表中选择之前存储的图案，即"圆点"选项；勾选"脚本"复选框，在其右侧的下拉列表中选择"砖形填充"选项，单击 确定 按钮，打开"砖形填充"对话框，设置图案缩放为"0.85"、间距为"-15"，行之间的位移为"50"，颜色随机性、亮度随机性、图案旋转角度均为"0"，单击 确定 按钮，效果如图7-42所示。

（6）在"图层"面板中设置新图层的不透明度为"13%"、混合模式为"叠加"。

（7）新建图层，选择"画笔工具"　　，在工具属性栏中设置画笔笔尖样式为"硬边圆"，大小为"35像素"，不透明度、流量均为"100%"。按【F5】键打开"画笔设置"面板，在面板下方设置间距为"99%"，可发现画笔笔迹具有珠串式效果，然后使用"钢笔工具"　　在画面中央绘制路径，画笔笔迹和路径如图7-43所示。

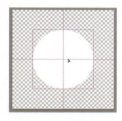

图7-41　绘制圆形
　　　　并调整其位置

图7-42　砖形填充圆点

图7-43　绘制路径

（8）在路径上单击鼠标右键，在弹出的快捷菜单中选择"填充路径"命令，打开"填充路径"对话框，设置内容、不透明度、羽化半径分别为"白色""100""0"，单击 确定 按钮。

（9）在路径上单击鼠标右键，在弹出的快捷菜单中选择"描边路径"命令，打开"描边路径"对话框，设置工具为"画笔"，单击 确定 按钮，然后按【Delete】键删除路径，效果如图7-44所示。

图7-44　填充和描边路径

### 7.3.2　绘制包装插画

为了突出产品原材料自然、高品质的特点，可运用"钢笔工具" ✐. 和形状工具组绘制以金色蜂蜜罐、青色柠檬图形为主的矢量包装插画，同时添加飘带、绿叶、星形等点缀元素，提升画面的美观度和丰富度。具体操作如下。

微课视频

绘制包装插画

（1）新建名称为"包装插画"、大小为"3500像素×2000像素"、分辨率为"300像素/英寸"、颜色模式为"CMYK 颜色"的文件。

（2）使用"钢笔工具" ✐.绘制图7-45所示的形状，设置填充为金黄色"#efea3a"。

（3）选择"椭圆工具" ○.，设置填充为"#eae29f～#c2cd37"渐变颜色、渐变角度为"30"，描边为"#d0e06d～#52b443"渐变颜色、渐变角度为"30"、描边宽度为"18像素"，在该形状的右下方绘制圆作为柠檬外形，效果如图7-46所示。

（4）使用"钢笔工具" ✐.和"椭圆工具" ○.绘制柠檬内部切面以及柠檬籽，效果如图7-47所示。

图7-45　绘制形状

图7-46　绘制柠檬外形

图7-47　绘制柠檬内部

（5）选择"多边形工具" ○.，在工具属性栏中设置边数为"4"、填充为"#f5af23～#f5e5a8"渐变颜色，单击✿按钮，在打开的下拉面板中设置星形比例为"60%"，取消勾选"平滑星形缩进"复选框，然后在画面中绘制一个星形，复制两次并自由变换，效果如图7-48所示。

（6）使用"钢笔工具" ✐.依次绘制黄绿渐变的树枝、绿叶，效果如图7-49所示。

（7）使用"钢笔工具" ✐.依次绘制蜂蜜罐罐身、盖子、高光和阴影部分，再使用"椭圆工具" ○.在蜂蜜罐中央绘制一个较大的圆形，复制柠檬图形，将其移动到较大的圆形中央，效果如图7-50所示。最后整理各部分插画成组，隐藏"背景"图层，盖印所有图层。

图7-48　绘制星形

图7-49　绘制枝叶

图7-50　绘制其他图形

### 7.3.3 制作蜂蜜罐包装立体效果

先将包装插画添加到包装背景中，然后分区输入各种信息，绘制装饰图形，最后结合"变形"命令使包装效果贴合蜂蜜罐罐身。具体操作如下。

（1）将插画盖印效果添加到包装展开图中央，如图7-51所示。使用"矩形工具" ▭ 绘制4个矩形，在"属性"面板中设置圆角和颜色，效果如图7-52所示。

（2）使用文字工具组分别输入图7-53所示的文字，设置合适的文字格式。

（3）复制步骤（2）输入的产品名称和英文名到包装展开图右侧顶部，调整其大小，为其添加白色"描边"图层样式。切换到"包装插画"文件，隐藏插画背景和金黄色形状所在图层，盖印整个效果，将盖印效果移至包装展开图右侧文字的左侧，为其添加白色"描边"图层样式。

（4）新建图层，使用"铅笔工具" ✎ 绘制白色的表格线，然后使用"矩形工具" ▭ 在下方绘制圆角矩形，置入"条形码.png"素材到画面右下角，效果如图7-54所示。

图7-51　添加插画　　图7-52　绘制圆角矩形　　图7-53　输入文字　　图7-54　添加条形码

（5）在包装展开图右侧和左侧输入产品信息，盖印图层，导出为PNG格式的图片，最终效果如图7-55所示。

图7-55　包装展开图最终效果

（6）打开"蜂蜜罐.psd"素材，置入上一步导出的PNG图片，并使图片高度与包装贴纸两侧的高度相同，如图7-56所示。

（7）设置图层不透明度为"50%"，便于查看包装的贴合效果。选择【编辑】/【变换】/【变形】命令，在工具属性栏中设置网格为"3×3"，然后在图像编辑区中调整控制点、控制柄和网格线，将包装展开图变形至与下方贴纸的弧度贴合，如图7-57所示。

（8）按【Enter】键应用变形效果，然后向下创建剪贴蒙版，设置图层的不透明度为"100%"、混合模式为"正片叠底"，最终立体效果如图7-58所示。

图7-56　置入包装　　　　图7-57　变形包装　　　　图7-58　立体效果

**操作小贴士**

　　运用"变形"命令时，在工具属性栏的"变形"下拉列表中还可选择Photoshop预设的变形效果，包括扇形、下弧、上弧、拱形、旗帜、波浪等。此外，选择【编辑】/【操控变形】命令可更细致地控制变形，随意扭曲特定的图像区域，同时保持其他区域的图像不变。例如，可以轻松地让人的手臂弯曲、身体摆出不同的姿态，也可用于小幅度地修改发型等。

# 7.4　拓展训练

**实训1　设计酱油瓶包装**

### 实训要求

　　（1）为"安安"品牌旗下的黄豆酱油设计一款酱油瓶包装，体现其"高品质，零添加"的品牌理念，展现产品名称、介绍、条形码、二维码、营养成分表等信息，吸引人购买。

　　（2）包装展开图尺寸为19厘米×14厘米，分辨率为300像素/英寸，使用CMYK颜色模式。

　　（3）色彩以黄豆的黄色为主色、以绿色为辅助色，同时将黄豆插画融入包装，充分体现酱油的原材料，给人天然、健康的感觉。

### 操作思路

　　（1）综合运用形状工具组、"填充"命令、"画笔工具" ✐、"钢笔工具" ∅ 绘制包装背景。

　　（2）将整个包装展开图分为3个部分，中间部分输入产品名称、卖点文字、净含量等信息，左侧输入营养成分表、用途等信息，右侧输入产品的具体参数。

　　（3）运用形状工具组绘制文字底纹图形，添加条形码、二维码素材。

　　（4）盖印图层，将最终效果应用到酱油瓶立体样机中。

具体设计过程如图7-59所示。

①绘制酱油瓶包装展开图背景

③制作酱油瓶包装立体效果

②制作酱油瓶包装展开图内容

图7-59 酱油瓶包装设计过程

## 实训 2 设计茶叶包装盒和包装袋

### 实训要求

（1）为"青山绿茶"茶叶品牌设计外部包装盒和包装袋，展示品牌名称、产品参数等信息。

（2）按照提供的包装展开尺寸图制作，结合中华传统文化元素，体现茶叶的淡雅、古韵。

### 操作思路

（1）综合运用形状工具组、"钢笔工具" 绘制包装插画，然后输入文字。

（2）使用形状工具组绘制包装盒展开图背景，然后分别制作各个面。

（3）使用相同方法制作包装袋展开图，然后将盖印效果应用到立体样机中。

具体设计过程如图7-60所示。

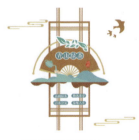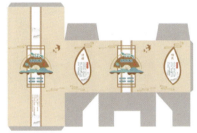

①绘制茶叶包装插画 ②制作茶叶包装盒展开图 ③制作茶叶包装盒和包装袋立体效果

图7-60 茶叶包装盒和包装袋设计过程

# 7.5 AI辅助设计

## Vega AI　设计护肤品包装

　　Vega AI是一款强大的在线创作AI工具，操作流程简单，能快速生成高质量插画，支持在线快速训练、自由定制、开放视频生成大模型，是可以提高生产效率的新一代创作平台。Vega AI主要有图像生成功能、视频生成功能和模型训练功能。这里以图像生成功能中的文生图功能为例，设计护肤品包装。

### 文生图

> 使用方式：输入关键词。
> 关键词描述方式：主题+风格+色彩+包装画面元素。
> 主要参数：模式、模型、图片比例、高级参数（步数、文本强度、堆积随机种子等）。

示例

模式：图像生成>文生图。

模型：风格模型>设计vg1。

叠加风格：包装渲染集合场景 0.5，包装排版设计 0.5。

图片比例/步数/文本强度/堆积随机种子：4∶3／20／7／-1。

关键词：女性护肤品包装设计，清新、自然、温柔风格，以浅色为主，色彩淡雅、明亮，抽象图形，漂亮的花朵。

示例效果：

## IPensoul 绘魂　设计牛奶包装盒

IPensoul 绘魂是一款AI图像生成工具，具有线稿渲染、AI证件照、AI背景图、AI模特、文生图等功能。尤其是文生图功能，可以针对不同的行业需求，提供包装设计、海报设计、自由创作、商品图等多种模型，提供的提示词越精准，生成的作品越符合需求。下面以设计牛奶包装盒为例进行操作。

### 文生图

使用方式：输入关键词。

关键词描述方式：作品类型+产品+包装画面元素。

主要参数：模式、模型、画面尺寸、图片画质、生成数量。

示例

模式：文生图。

模型：风格模型设计>礼盒设计。

关键词描述：牛奶包装盒，纯牛奶，奶牛，绿草，草地，蓝天。

画面尺寸：1000像素×1024像素。

示例效果：

### 拓展训练

请运用IPensoul 绘魂中包装设计的其他预设模型，如玻璃瓶设计、纸袋设计、易拉罐设计、按压瓶设计等，设计不同类型的产品包装。

## 7.6　课后练习

### 1．填空题

（1）连用与共用笔画的依据是文字笔画的_____、_____。

（2）色块分割式编排是指用大块的_____或者_____把版面分成两部分或两部分以上。

（3）为了突出包装上的_____，包围式编排将_____放在中间。

（4）天罩地式是罩盖盒样式之一，其盒盖称为_____，盒身称为_____。

（5）选择_____命令，可以将绘制的矢量图形存储为自定义的图案。

## 2. 选择题

（1）【单选】（　　）编排将包装的元素（如几何线条、仿古纹理、矢量图样等）设计成底纹布满整个包装，让包装显得饱满充实。

　　A. 平铺式　　　　　　　B. 焦点式　　　　　　　C. 局部式　　　　　　　D. 组合式

（2）【单选】（　　）编排将产品或能体现产品属性的图形作为主体，并将该主体放在视觉中心，以产生强烈的视觉冲击。

　　A. 平铺式　　　　　　　B. 焦点式　　　　　　　C. 局部式　　　　　　　D. 组合式

（3）【单选】在"画笔设置"面板中设置（　　），可使"硬边圆"画笔笔尖样式具有珠串式笔迹效果。

　　A. 形状动态　　　　　　B. 间距　　　　　　　　C. 画笔笔势　　　　　　D. 散布

（4）【多选】包装图形创意的要点包括（　　）。

　　A. 个性　　　　　　　　B. 沟通与传达　　　　　C. 识别　　　　　　　　D. 结构分明

（5）【多选】下列关于包装文字创意的说法中，正确的有（　　）。

　　A. 变形文字时，可根据文字偏旁部首的位置、大小及文字的空间结构灵活处理

　　B. 文字的图意化是指发挥想象力，使文字意义从抽象转化为具象

　　C. 连用与共用笔画是指对文字的结构进行分割、删减、加粗、拉伸等操作

　　D. 要对包装中的文字进行图意化表现，首先要充分挖掘文字的内在含义

（6）【多选】应用"变形"命令时，可通过调整（　　）来调整变形效果。

　　A. 控制点　　　　　　　B. 网格线　　　　　　　C. 控制柄　　　　　　　D. 图钉

## 3. 操作题

（1）响乐企业决定为一款销量较高的耳机设计全新的包装盒，该款耳机具有音质好、舒适度高、防水和牢固等特点，在进行包装设计时应着重展示这些特点，且包装风格要简洁、大方，参考效果如图7-61所示。

图7-61　耳机包装盒设计效果

（2）为"沫沫"儿童服饰设计内包装和外包装，要求以公司形象小黄鸭作为包装主体图形，给人活泼、温暖、有趣的感觉，包装平面图参考效果如图7-62所示，立体效果如图7-63所示。

（3）为某家西式面包店设计面包纸袋包装，要求使用IPensoul 绘魂进行创作，参考效果如图7-64所示。

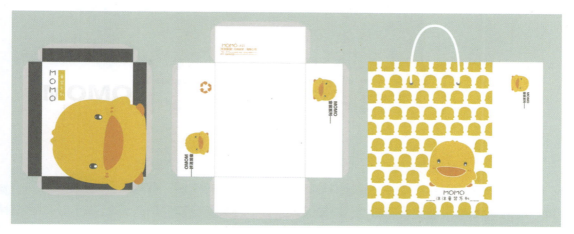

图7-62　服饰包装平面图效果

图7-63　服饰包装立体效果

图7-64　面包纸袋包装设计效果

**Ps**

# 第 8 章

# 书籍装帧设计

书籍是人们进行思想交流和文化传播的重要载体，为了更精确地表达书籍的内容与特色，提升书籍的实用价值和审美价值，书籍装帧设计越来越受人们重视。书籍装帧设计既要兼具功能性与艺术性，使形式与内容相融洽，又要做到局部与整体的和谐统一，巧妙地运用装帧艺术语言，为读者构筑丰富的书籍世界。

## 学习目标

▶ **知识目标**

◎ 熟悉书籍装帧设计的开本尺寸和主要内容。
◎ 了解书籍装帧版式设计。

▶ **技能目标**

◎ 能够使用 Photoshop 排版书籍页面、优化书籍插图色彩。
◎ 能够使用 Photoshop 输入大段文字、设计书籍版式。
◎ 能够以专业手法设计不同类型的书籍装帧。
◎ 能够借助 AI 工具为书籍设计插图、对书籍插图进行智能调色。

▶ **素养目标**

◎ 提升对书籍装帧的审美，注重对书籍版式细节的考量和设计。
◎ 在书籍装帧设计中树立整体意识，培养全局思维和系统性思考能力。

## STEP 1 相关知识学习　　　　　　　　　　建议学时：　1　学时

| 课前预习 | 1. 扫码了解书籍装帧设计的概念、基本原则，以及书籍的结构，建立对书籍装帧的基本认识。<br>2. 上网搜索书籍装帧设计案例，通过欣赏书籍装帧设计作品，提升对书籍装帧的审美。 |

课前预习

| 课堂讲解 | 1. 书籍装帧设计的开本尺寸和主要内容。<br>2. 书籍装帧版式设计。 |

| 重点难点 | 1. 学习重点：书籍开本常用尺寸，书籍外部的装帧设计。<br>2. 学习难点：书籍内部的装帧设计，版心、页边距、页眉、页码设计。 |

## STEP 2 案例实践操作　　　　　　　　　　建议学时：　2　学时

| 实战案例 | 1. 设计文艺类书籍装帧。<br>2. 设计旅游画册装帧。 | 操作要点 | 1. "字符"面板、"段落"面板的运用。<br>2. 调色命令与调整图层的使用。 |

| 案例欣赏 |   |

## STEP 3 技能巩固与提升　　　　　　　　　　建议学时：　4　学时

| 拓展训练 | 1. 设计地理杂志封面。<br>2. 设计儿童读物书籍装帧。 |

| AI 辅助设计 | 1. 使用美图云修Pro对画册图片进行AI调色和一键换天空。<br>2. 使Midjourney的MJ绘画模式生成书籍插图。 |

| 课后练习 | 通过填空题、选择题、操作题巩固理论知识，并提升设计能力与实操能力。 |

# 8.1　行业知识：书籍装帧设计基础

书籍装帧设计涉及从文稿定型到成书出版的整个过程，是对专业理论、创意思维、艺术审美等的综合运用。

### 8.1.1　书籍装帧设计的开本尺寸

设计一本书时，首先要确定书籍的开本，即书籍的尺寸。通常，人们把一张按国家标准分切好的平板原纸称为全开纸。国际标准的原纸称为大度纸（也称A类纸），全开大度纸毛尺寸为1194mm×889mm、成品净尺寸为1160mm×860mm；国内标准的原纸称为正度纸（也称B类纸），全开正度纸毛尺寸为1092mm×787mm、成品净尺寸为1060mm×760mm。上述原纸毛尺寸之所以比成品净尺寸大，是因为书籍在成书时，除了订口外，其余3条边都需要裁切，以确保书籍形态的工整。

以不浪费纸张、便于印刷和装订生产作业为前提，把一张全开纸裁切成面积相等的若干小张，如图8-1所示，纸张的开切数量就是开数（开数可以用K表示），开切后的版面大小就是开本。如将一张全开纸均匀地开切成32张，则称每张为32开本。

由于全开纸的规格有所不同，所以开切后的开本尺寸也不同，以全开正度纸、全开大度纸为基础，常用尺寸如表8-1、表8-2所示。

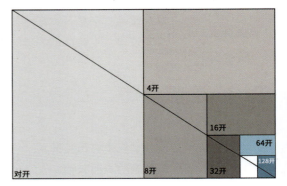

图8-1　标准开数分割法示例

表 8-1　正度纸开本常用尺寸

| 正度纸开本 | 开切毛尺寸 | 成品净尺寸 |
| --- | --- | --- |
| 8开（8K） | 393.5mm×273mm | 375mm×260mm |
| 12开（12K） | 273mm×262.3mm | 260mm×250mm |
| 16开（16K） | 262.3mm×196.75mm | 260mm×185mm |
| 24开（24K） | 196.75mm×182mm | 185mm×170mm |
| 32开（32K） | 196.75mm×136.5mm | 185mm×130mm |
| 64开（64K） | 136.5mm×98.37mm | 120mm×80mm |

表 8-2　大度纸开本常用尺寸

| 大度纸开本 | 开切毛尺寸 | 成品净尺寸 |
| --- | --- | --- |
| 8开（8K） | 444.5mm×298.5mm | 430mm×285mm |
| 12开（12K） | 298.5mm×296.3mm | 285mm×285mm |
| 16开（16K） | 298.5mm×222.25mm | 285mm×210mm |
| 24开（24K） | 222.5mm×199mm | 210mm×185mm |

| 大度纸开本 | 开切毛尺寸 | 成品净尺寸 |
|---|---|---|
| 32开（32K） | 222.5mm×149.25mm | 210mm×140mm |
| 64开（64K） | 149.25mm×111.12mm | 130mm×100mm |

### 8.1.2　书籍装帧设计的主要内容

对每本书来说，无论是书籍外部的封面、封底、书脊等，还是书籍内部的环衬页、扉页、目录页和内文页等，都需要设计人员精心策划。

#### 1．书籍外部的装帧设计

书籍外部的装帧设计主要在于封面、封底和书脊，部分精装书还涉及勒口、护封、腰封、函套、切口等部位的设计，这些部分主要起到保护与美化书籍、简要概括书籍内容，以及在视觉上吸引读者等作用。

● **封面：** 又叫书皮，广义上的封面是指书籍装订书芯外封面的总称（包括封面、封底、书脊、勒口等），狭义上主要指书籍封面，印有书名、编著者名、出版社名，以及能够反映书籍的内容、性质、体裁的主体形象。图8-2所示的《好好过节：传统节日践家风》一书，以橙红色为封面主色，采用节日灯笼、吊旗等元素营造节日氛围，并绘制了一家人正在逛街市的场景，与书名中的"家"字相呼应。

● **封底：** 整本书的最后一页，其文字内容一般为编著者简介、责任编辑署名、装帧设计者署名、条形码、定价信息等，如图8-3所示。封底设计需与封面、书脊相呼应，如对封面与书脊图像进行补充、重复、延续等，但不宜将封底设计得过于夸张，导致喧宾夺主。

图8-2　封面

图8-3　封底

● **书脊：** 书脊是位于封面与封底之间，因书籍的厚度而形成的书籍侧面，其内容主要是书名、出版社名、编著者名。

● **勒口：** 又称折口，是指封面和封底的书口处向外延长若干厘米，然后向书内折叠的部分。与封面直接相连的勒口称为前勒口，与封底直接相连的勒口称为后勒口。勒口的内容通常包括编著者简介、内容提要、推荐语、系列丛书展示、装帧设计人员署名、责任编辑署名、名人名言等信息。图8-4所示为《国色风物》后勒口设计，宣传了系列书籍。

● **腰封**：也称书腰，是书籍外部的附加结构，因如同腰带般环绕着书而得名。腰封具有广告和装饰的作用，其内容通常为书籍的介绍性文字、相关图片、获奖荣誉称号、推荐性文字、编著者信息、出版社信息等。图8-5所示的《在雪山和雪山之间》一书，将两座绵延的雪山设计成腰封，构造了文字、雪山前后穿插的空间关系，增强了视觉冲击力与层次感。

图8-4　勒口

图8-5　腰封

● **护封**：也称封套、全护封、包封或外包封，是指包裹在书籍封面外的另一张外封面，主要起到保护和装饰封面，以及宣传书籍的作用。护封呈扁长形，其高度与书籍相等，在长度方向上能包裹住其内部的书籍封面、封底、书脊，并在两边各有一个约5～10cm的向内折进的勒口。护封多采用美观的色彩、合理的图形与文字编排、精美的材料、独特的印刷工艺等进行创意设计，以增强书籍风格表现力，提高书籍对读者的吸引力。图8-6所示的《我有一棵树》一书，采用"一棵树"作为画面主体形象，读者摊开护封，可以看到偌大的树木躯干，仿佛亲切地拥抱整本书，充分体现出本书的主题，视觉冲击力强。

● **函套**：又称书函、书套等，是包装书籍的盒子、壳子、匣子，既能保护书籍，也能使书籍更加精美、更具创意，提升收藏价值。函套设计可充分利用各种材料、结构、工艺，使其独具个性，以使读者对书籍印象深刻、更加喜爱。图8-7所示的《脂砚斋重评石头记（红楼梦）》函套，设计了类似于"开门"的打开方式，门环让人联想到大观园的大门，表示读者打开函套就能进入奇妙的书中世界，增强了代入感和趣味性。

● **切口**：又称书口，是书页裁切一边的空白处，即书籍订口外其余3边的切光部分。切口设计通常做空白处理，也可以通过现代模切技术进行整体切割模压，改变传统的直线形书口，还可以在切口上印刷各种色彩和图像，呼应书籍主题。图8-8所示的《中国传统色：敦煌里的色彩美学》一书的切口印有敦煌壁画的精美形象，呼应书籍主题。

图8-6　护封

图8-7　函套

图8-8　切口

**2．书籍内部的装帧设计**

书籍内部主要包括环衬页、扉页、版权页、前言页、目录页和内文页，这些页面都各自具备特定的作用，如何编排和设计这些页面中的要素是书籍装帧设计的重点之一。

● 环衬页：简称环衬，是封面后、封底前的衬页，有前后之分，其中前环衬连接封面与书芯，后环衬连接封底与书芯，部分平装书可能没有环衬。环衬对封面到扉页、内文页到封底起过渡作用，其图形和色彩可与封面、扉页相呼应，但不宜太相似。环衬最好不要重复展现书名，可以添加一句或一小段引人入胜的文字，用于吸引读者。

● 扉页：又称书名页，位于封面或环衬之后，通常印有书名、副书名、著译者姓名、校编、卷次及出版社信息等内容，在设计时一般以文字为主，可以添加少量图形、插图进行装饰，不宜烦琐。扉页风格最好与封面、环衬的风格一致。

● 版权页：又称版本记录页，是一本书的出版记录及查询版本的依据，一般位于扉页的反面，或书末正文之后空白页的反面。版权页通常印有书名、著译者姓名、出版社信息、制版、印刷、发行单位、开本、印张、版次、出版日期、插图幅数、字数、累计印数、书号和定价等内容，应按国家规定的表述规范与次序进行设计。

● 前言页：又称序言页、导论页，位于目录页和内文页之前，包括编写目的、意义、特色、内容结构、编写过程等内容，起到指导读者阅读本书的作用，如图8-9所示。

● 目录页：位于书籍正文之前，展现了书籍整体的结构与内容，用于指导读者顺利查阅本书内容。目录页设计需要条理清晰、层次分明、节奏有序，让读者一目了然、方便查阅，还可以添加适当的装饰性图形，如图8-10所示。

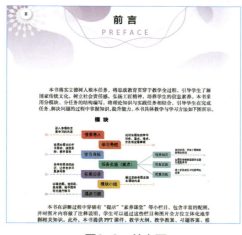

图8-9　前言页

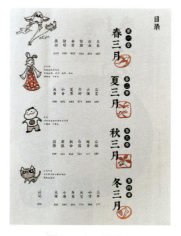

图8-10　目录页

### 8.1.3　书籍装帧版式设计

书籍装帧版式设计主要针对书籍内部页面，通常需先确定版心和页边距，然后设计页眉、页码的样式等，这些细节都影响着书籍内容的最终呈现效果和读者的阅读体验。

● 版心。版心是书籍内页的基本框架，具体指版面中除去页边距以外的主要内容区域，一般放置文字、图像、图表、公式等内容。版心的规格主要取决于书籍的主体内容及容量，需综合考虑开本、字体大小、行距疏密等因素。

● 页边距。页边距是指文字、图片等版心内容与纸张边缘之间的距离，包括左边距、右边距、上边距和下边距，如图8-11所示。页边距的多少主要取决于版心大小、纸张尺寸、装订方式、排版方式等。

● 页码。页码是书籍每页中标明次序的号码或数字，方便读者定位书籍内容，一般位于页边距区域的中央或角落。前言页、目录页的页码一般用罗马数字，正文的页码则一般用阿拉伯数字。页码设计应注重可读性、清晰度和美观度，让页码更易识别，也可为页码添加简单的装饰元素，使页面更具设计感、趣味性。

● 页眉。页眉又称书眉，用于展示与书籍相关的内容，如书名、章节标题、篇题卷数、著译者姓名等。一般情况下，奇数页页眉展示章节标题，偶数页页眉展示篇题；如果没有篇题，则奇数页页眉通常展示章节标题，偶数页页眉展示书名。页眉的位置不固定，其设计宜简洁明了和易识别，以便读者定位和辨识信息，如图8-12所示。

图8-11　版心与页边距

图8-12　页眉

## 8.2　实战案例：设计文艺类书籍装帧

### 案例背景

某出版社准备出版文艺类书籍《光影绘色：诗画人生》，该书将色彩、光影、山水画等元素与古诗词、哲学相结合，给人以美的感受和思考。现该书已进入装帧设计阶段，需要根据提供的书籍相关资料进行设计，具体要求如下。

（1）需要设计封面、封底、书脊和勒口，书籍尺寸为16开，前后勒口均为90mm，书脊厚度为30mm。

（2）封面和书脊展现书名、著作者、出版社信息等，封底展现书名、推荐语、分类建议、出版社网址、条形码，前勒口展现作者简介，后勒口展现装帧设计者署名、编著和出品信息。

（3）封面简洁而富有艺术感，体现山水画晕染的效果，色彩清新、优雅、柔和、梦幻。

### 💡 设计思路

（1）布局设计。综合考虑设计要求和各部分内容的布局，如图8-13所示。

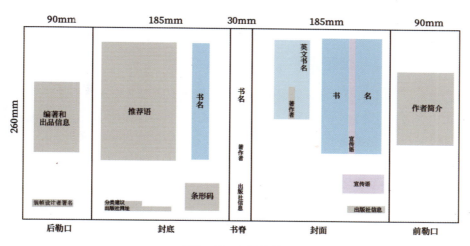

图8-13 布局设计

（2）色彩设计。以蓝色为主色，以紫色、粉色、淡黄色为辅助色，营造梦幻、诗意的氛围。

（3）图像设计。采用山水、一叶扁舟的画面，体现诗画人生的主题。

（4）文字设计。文字字体以现代简约的黑体类字体为主，书名可用白色和较大的字号进行强调，其他次要文字可以选择与背景色对比较大、同色系的墨蓝色。对于封底、勒口中较多的文字，宜采用较大的行距、段距，使读者浏览起来更轻松。

本例的参考效果如图8-14所示。

图8-14 文艺类书籍装帧设计参考效果

### 🎨 设计大讲堂

文艺类书籍以文学、艺术为主题，或以文学评论、艺术批评为内容，展现出高度的创造性、抒情性、艺术性，同时富有丰富的想象力和深度内涵。这类书籍涵盖广泛的文学流派和艺术形式，包括小说、诗歌、戏剧、散文、画集、摄影集等。文学类书籍需要根据其内容特点选择符合其意境的设计风格，体现出书卷气；艺术类书籍在设计上强调审美个性，要有较强的美感、艺术性和设计感。

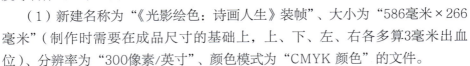 操作要点

操作要点详解

（1）通过参考线划分封面、封底、书脊和勒口区域。

（2）使用图层混合模式、调整图层制作书籍装帧背景。

（3）通过"字符"面板、"段落"面板设置文字格式。

### 8.2.1 制作书籍装帧图像

微课视频

结合山水画、水彩晕染、渐变效果的素材，利用图层的混合模式、不透明度等制作出山水之间一叶扁舟的画面，营造悠然的氛围。具体操作如下。

制作书籍装帧图像

（1）新建名称为"《光影绘色：诗画人生》装帧"、大小为"586毫米×266毫米"（制作时需要在成品尺寸的基础上，上、下、左、右各多算3毫米出血位）、分辨率为"300像素/英寸"、颜色模式为"CMYK 颜色"的文件。

（2）在3mm、93mm、278mm、308mm、493mm、583mm处依次建立垂直参考线，在3mm、263mm处分别建立水平参考线，划分出血位、前后勒口、封面、封底、书脊所在位置。

（3）置入"山水画.png"素材，调整其大小和位置，效果如图8-15所示。置入"粉蓝渐变背景.png"素材，设置图层混合模式为"变亮"，效果如图8-16所示。

图8-15　添加山水画素材的效果

图8-16　添加粉蓝渐变背景素材的效果

（4）置入"水彩背景.png"素材，设置图层混合模式为"变暗"、图层不透明度为"70%"。置入"弥散光.png"素材，将其移至封面和前勒口的位置，设置图层混合模式为"变亮"，效果如图8-17所示。

（5）置入"渐变水彩画.png"素材，设置图层混合模式为"变暗"、图层不透明度为"80%"。单击"创建新的填充或调整图层"按钮❶，在弹出的菜单中选择"色相/饱和度"命令，打开"色相/饱和度"属性面板，设置饱和度为"+32"，效果如图8-18所示。

图8-17　添加弥散光素材的效果

图8-18　增加饱和度

## 8.2.2 输入书籍装帧文字

在书籍各个面依次添加文字，并通过"字符"面板、"段落"面板设置合适的格式，使文字整体排版美观、易读、重点突出。具体操作如下。

输入书籍装帧文字

（1）打开"书名.psd"素材，将其中的图层组复制到封面的右上方；然后选择"直排文字工具" ，在书名左侧输入英文书名，适当按【Enter】键换行；接着打开"字符"面板，设置字体为"方正三宝体 简"、字体样式为"Light"、字体大小为"32点"、行距为"41点"、字距为"-45"、文本颜色为白色"#ffffff"，效果如图8-19所示。

### 操作小贴士

　　使用文字工具选中文字后，按住【Shift+Ctrl】组合键并连续按【<】键，能以1点为减量将文字调小；按住【Shift+Ctrl】组合键并连续按【>】键，能以1点为增量将文字调大。按住【Alt】键并连续按【←】键，能以20点为减量减小字距；按住【Alt】键并连续按【→】键，能以20点为增量增大字距。按住【Alt】键并连续按【↑】键，能以1点为减量减小行距；按住【Alt】键并连续按【↓】键，能以1点为增量增大行距。

（2）使用"直排文字工具" 在第二列英文下方输入作者信息，设置字体为"方正兰亭刊黑_GBK"、字体大小为"14点"、字距为"60"、文字颜色为墨蓝色"#03457e"。

（3）使用"直排文字工具" 在中文书名之间输入本书的宣传语，设置字体为"方正兰亭刊黑_GBK"、字体大小为"12.75点"、字距为"555"、文本颜色为墨蓝色"#03457e"。选中前4个字，修改字体为"方正兰亭大黑_GBK"，效果如图8-20所示。

（4）选择"横排文字工具" ，在封面右下角输入出版社信息，设置字体为"方正兰亭大黑_GBK"、字体大小为"15点"、字距为"200"、文本颜色为白色"#ffffff"；在出版社信息上方输入作者简介，设置字体分别为"方正兰亭刊黑_GBK""方正兰亭大黑_GBK"，单击"字符"面板底部的"仿粗体"按钮 ，适当调整字距和字体大小，效果如图8-21所示。

图8-19　输入并设置书名　　　图8-20　修改宣传语字体　　　图8-21　输入并设置宣传语

（5）选择"横排文字工具" ，在前勒口中间拖曳生成文本定界框，在框内输入作者简介段落文字，打开"段落"面板，单击"最后一行左对齐"按钮▉，在"字符"面板中设置合适的文字格式，效果如图8-22所示。

（6）使用"直排文字工具"▉在书脊中输入"光影绘色•诗画人生"文字，设置字体为"方正三宝体 简"、字体样式为"Bold"、字体大小为"41.68点"、字距为"45"、文本颜色为白色"#ffffff"。选择【图层】/【图层样式】/【投影】命令，打开"图层样式"对话框，设置投影颜色为墨蓝色"#03457e"，混合模式、不透明度、角度、距离、扩展、大小分别为"正常""38""141""18""0""9"，单击 确定 按钮。

（7）使用"直排文字工具"▉在下方继续输入著作者和出版社信息，设置合适的文字格式，书脊效果如图8-23所示。

（8）使用"横排文字工具"▉在封底左上方绘制文本框，输入推荐语段落文字，在"段落"面板中单击"最后一行左对齐"按钮▉，设置首行缩进为"26点"，在"避头尾设置"下拉列表中选择"JIS 严格"选项，在"标点挤压"下拉列表中选择"间距组合 3"选项，在"字符"面板中设置合适的文字格式。

（9）将书脊中的书名文字复制到推荐语段落文字右侧，调整大小和位置，使用"横排文字工具"▉在封底底部输入分类建议和出版社网址，效果如图8-24所示。

（10）使用"横排文字工具"▉在后勒口底部输入装帧设计者的姓名，在中间输入点文字形式的编著和出品信息，并设置不同的文字格式，如图8-25所示。

图8-22　输入段落　图8-23　书脊效果　　图8-24　封底效果　　图8-25　输入并
　　　　　文字效果　　　　　　　　　　　　　　　　　　　　　　　　设置点文字

### 8.2.3　制作书籍装帧立体效果

添加装饰形状和条形码，可使书籍装帧设计更加完整，通过制作立体效果，保证设计的适用性。具体操作如下。

（1）置入"条形码.png"素材，放到封底的右下角。使用"矩形工具"▉在装帧设计者的姓名下方绘制一条横线，再在其左侧绘制一个小长方形，设置填充均为墨蓝色"#03457e"。按【Shift＋Ctrl＋Alt＋E】组合键盖印图层，效果如图8-26所示。

**🎤 设计大讲堂**

　　书籍条形码将国际标准书号（International Standard Book Number，ISBN）这一专门为识别图书等出版物而设计的国际编号，以条形码的形式印制于书籍封底，是书籍必备的印制内容。条形码的位置有明确规定，一般在封底下方靠书脊处，距书脊、下切口各2.5cm，不可隐藏在勒口或书籍内页中，必须印在封底明显处。条形码须以全黑印于白色矩形框，或无填充色的框线内，且条形码与框线的距离必须大于2mm，印制尺寸必须在原始大小的85%到120%之间，以确保扫描识别的准确性和有效性。

图8-26　书籍装帧效果

　　（2）使用"矩形选框工具"沿着参考线框选封面区域，按【Ctrl+C】组合键复制。打开"书籍样机.psd"素材，双击封面所在图层的缩览图，在打开的窗口中按【Ctrl+V】组合键粘贴书籍装帧效果，调整大小和位置。

　　（3）按【Ctrl+S】组合键存储效果，返回"书籍样机.psd"文件窗口，可以发现其中的封面效果已更新。

　　（4）使用与步骤（2）、步骤（3）相同的方法，替换封底、书脊、前后勒口，书籍装帧立体效果如图8-27所示。

图8-27　书籍装帧立体效果

# 8.3 实战案例：设计旅游画册装帧

## 案例背景

　　古镇一般指有着百年以上历史的，集居民居住功能与文化底蕴于一体的建筑群。我国历史悠久，广阔土地上散落着很多文化底蕴深厚的古镇。某旅游组织准备设计古镇旅游画册来宣传这些宝贵的历史文化遗产，具体要求如下。

　　（1）设计封面和内页，成品尺寸为210mm×140mm。

　　（2）排版简洁大方、有设计感，图片美观、突出，能展示古镇的历史韵味。

## 设计思路

　　（1）布局设计。封面采用对角线式布局，上图下文排版；内页可采用均衡式布局，不完全对称的图文排版，制造变化和节奏感。

　　（2）图像设计。采用既包括古镇自然风景，又包括历史人文景象的实拍图片。通过优化图片的色彩效果，统一调整为暖色调，给人温暖、传统、怀旧、质朴的感觉。

　　（3）文字设计。文字字体以古典的宋体类字体为主，主题"古镇"文字可用色块和较大的字号进行强调。文本颜色以深绿色和深棕色为主，契合古镇古典、质朴的历史感。

　　本例的参考效果如图8-28所示。

图8-28　旅游画册装帧设计参考效果

**设计大讲堂**

　　画册是一种较为常用的宣传媒介，可以展示艺术家的个人作品、公司形象、旅游风光、企业产品等，优秀的画册往往具有收藏价值和观赏价值，是艺术和文化传播的重要载体。画册的常见尺寸有210mm×285mm、285mm×285mm、210mm×140mm等，其装帧设计应遵循简洁明了的原则，避免过度的装饰和复杂的排版，图片突出，文字精练，视觉效果和谐美观。

**操作要点**

　　（1）使用图像调色命令调整图像色彩。

　　（2）通过调整图层、"调整"面板调整图像色彩。

### 8.3.1　调整旅游图像色彩

微课视频

调整旅游图像色彩

　　由于天气、光线、设备、场地、时间等条件的限制，古镇实拍图像的色彩存在亮度不足、暗淡、不够鲜明、偏色等问题，需要先有针对性地调整色彩，然后统一调整为暖色调，以制作出吸引力较强的旅游画册。具体操作如下。

　　（1）打开"古镇1.jpg"素材，发现其亮度不足，可选择【窗口】/【调整】命令，打开"调整"面板，展开其中的"单一调整"栏，选择"亮度/对比度"选项，打开"亮度/对比度"属性面板，设置亮度、对比度分别为"16""2"，同时"图层"面板中将自动创建"亮度/对比度 1"调整图层。

　　（2）使用相同的方法，在"单一调整"栏中选择"曝光度"选项，打开"曝光度"属性面板，设置曝光度、位移、灰度系数校正分别为"+0.4""-0.027""1.46"。

　　（3）盖印图层，选择【图像】/【调整】/【阴影/高光】命令，打开"阴影/高光"对话框，保持默认设置不变，单击 确定 按钮。

　　（4）在"调整"面板中展开"调整预设"栏，选择"更多"选项，然后展开"风景"栏，选择"暖色调对比度"选项。盖印图层，该图像调色前后的对比效果如图8-29所示。

**操作小贴士**

　　选择某个调整预设选项后，"图层"面板中将出现对应的调整预设图层组，该图层组中通常包含已经预设好参数的多个调整图层。设计人员应用某个调整预设后，若觉得效果不符合预期，还可单击调整预设图层组中的调整图层，展开对应的属性面板，重新修改参数。

　　（5）打开"古镇2.jpg"素材，发现其阴影过重、暗部细节不清晰，可选择【图像】/【调整】/【阴影/高光】命令，打开"阴影/高光"对话框，设置阴影数量、高光数量分别为"40""0"，单击 确定 按钮。然后为其添加同样的"暖色调对比度"调整预设，盖印图层，该图像调色前后的对比效果如图8-30所示。

　　（6）打开"古镇3.jpg"素材，发现其问题与"古镇2.jpg"素材相同，因此可运用相同的调色方法，然后盖印图层。此时，发现其亮度、对比度仍然不足，打开"亮度/对比度"属性面板，设置亮度、对比度分别为"18""84"，再次盖印图层，该图像调色前后的对比效果如图8-31所示。

（7）打开"古镇4.jpg"素材，发现其色彩不鲜明、天空偏灰，可先打开"自然饱和度"属性面板，设置自然饱和度、饱和度分别为"+34""+39"。然后打开"色相/饱和度"属性面板，在"全图"下拉列表中选择"蓝色"选项，设置饱和度为"+27"。

（8）应用"暖色调对比度"调整预设，发现其暖色调仍然不明显，可再次应用该预设，然后适当修改调整预设图层组中的"曲线1"调整图层，适当增加暗部亮度，如向左拖曳曲线左下方的控制点，向左下方拖曳曲线右上方的控制点。盖印图层，该图像调色前后的对比效果如图8-32所示。

图8-29　"古镇1"图像调整色彩前后的对比效果　图8-30　"古镇2"图像调整色彩前后的对比效果

图8-31　"古镇3"图像调整色彩前后的对比效果　图8-32　"古镇4"图像调整色彩前后的对比效果

（9）打开"古镇5.jpg"素材，发现其整体色彩效果好，可直接应用"暖色调对比度"调整预设。盖印图层，该图像调色前后的对比效果如图8-33所示。

（10）打开"古镇6.jpg"素材，发现其色彩偏黄、较暗，可先打开"色相/饱和度"属性面板，由于其整体色调单一，可直接为全图设置色相、饱和度、明度为"-14""-13""+6"，然后应用"暖色调对比度"调整预设。盖印图层，该图像调色前后的对比效果如图8-34所示。

图8-33　"古镇5"图像调整色彩前后的对比效果　图8-34　"古镇6"图像调整色彩前后的对比效果

## 8.3.2　制作画册封面和内页

先运用参考线、形状为画册封面、内页设计简单的布局，然后在对应位置添加调色后的图像，输入关于古镇的文字信息。具体操作如下。

（1）新建名称为"旅游画册封面"、大小为"286毫米×216毫米"（包含出血位）、分辨率为"300像素/英寸"、颜色模式为"CMYK 颜色"的文件。

微课视频

制作画册封面
和内页

（2）选择【视图】/【参考线】/【新建参考线版面】命令，打开"新建参考线版面"对话框，勾选"列"复选框，设置数字为"2"；勾选"边距"复选框，设置上、下、左、右均为"3mm"，单击 确定 按钮，即可划分出封面、封底及出血位。

（3）使用形状工具组绘制形状进行布局，如图8-35所示。

（4）将盖印的"古镇1""古镇2""古镇3"等图像拖动到对应形状上，按【Alt+Ctrl+G】组合键创建剪贴蒙版，调整大小和位置，效果如图8-36所示。

（5）使用文字工具组输入封面文字，并设置合适的文字格式，如图8-37所示，盖印图层。

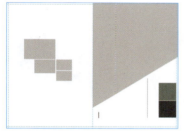

图8-35 布局画册封面

图8-36 添加旅游图像

图8-37 输入并设置封面文字

（6）使用与步骤（1）～（5）相同的方法，新建并制作画册内页，效果如图8-38所示。

（7）打开"画册样机.psd"素材，将盖印效果替换到样机的封面、内页中，画册最终的立体效果如图8-39、图8-40所示。

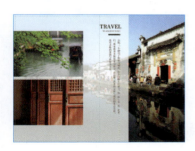

图8-38 画册内页效果

图8-39 画册封面立体效果

图8-40 画册内页立体效果

# 8.4 拓展训练

## 实训1　设计地理杂志封面

### 实训要求

（1）为《中国地理》杂志设计以展示梯田地貌为主的封面，尺寸为21厘米×29.7厘米，突出《中国地理》本期的主要内容和精彩看点。

（2）封面整体视觉效果清爽，以图像为主，重点突出我国美丽的梯田地貌；以文字为辅，需展示杂志名称、刊号、作者姓名、出版社信息，以及杂志的主要内容和特色。

### 操作思路

（1）打开地理图片素材，分析可知其存在偏色、亮度不足、色彩暗淡等问题，使用调整图层的"色彩平衡"选项校正偏红的色彩，再依次提高饱和度、亮度与对比度。

（2）盖印图层，使用"阴影/高光"命令优化图片的光线效果。

（3）新建杂志封面文件，添加装饰素材和调色后的地理图片，然后使用文字工具组、"字符"面板输入并设置封面文字，运用形状工具组、图层样式、剪贴蒙版适当美化文字。

具体设计过程如图8-41所示。

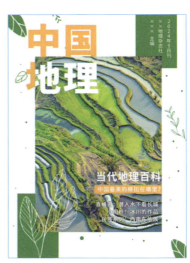

　① 打开地理图片素材　　　　　② 优化色彩　　　　　　③ 制作杂志封面

图8-41　地理杂志封面设计过程

## 实训2　设计儿童读物书籍装帧

### 实训要求

（1）为《探秘大自然》儿童科普读物进行装帧设计，开本尺寸为185mm×130mm，书脊厚度为20mm，设计内容包括封面、书脊、封底，以及一页前言页和一页目录页。

（2）整体装帧设计采用卡通风格，色彩搭配活泼、亮丽，色调统一，信息列举条理清晰，图像具有趣味性，视觉效果美观。

### 操作思路

（1）添加素材，制作封面、书脊和封底的背景，运用文字工具组输入书名、宣传语、编著者姓名、出版社信息等文字，结合"字符"面板设置文字格式。

（2）结合图层样式美化文字效果，添加装饰元素和条形码。

（3）使用图像和形状为前言页和目录页布局。

（4）使用文字工具组输入对应的标题和段落文字，结合"段落"面板设置段落格式。

具体设计过程如图8-42所示。

①制作封面、书脊和封底的背景并输入文字　　　　②美化文字、添加装饰元素和条形码

③布局前言页和目录页　　　　　　　　　　④输入文字并设置格式

图8-42　儿童读物书籍装帧设计过程

# 8.5　AI辅助设计

**美图云修 Pro**　**AI调色和一键换天空**

美图云修Pro是一款专业的AI批量修图软件，它能够基于AI智能预设，一键完成商业摄影后期精修工作，提供RAW图转档、一键智能精修、批量处理、AI美颜、AI整牙、AI中性灰、AI去雾、AI优化等多项功能。下面使用该软件智能调整旅游画册中图片的颜色，利用"换天空"功能迅速将图片中的天空替换为其他风格的天空。

## 图片编辑

使用方式：上传图片 → 选择模式 → 设置参数。

| 上传图片： | 模式：图像调整>AI智能调色。 背景增强/智能白平衡/智能白曝光：100/100/100。 | 模式：图像美化>换天空。 选项：多云2。 |
|---|---|---|
|  | 生成结果：  | 生成结果：  |

## Midjourney 用MJ绘画模式生成书籍插图

Midjourney中MJ绘画的5种主要模式为书籍装帧设计的风格提供了多种选择，无论是追求真实细节、动漫增强还是艺术增强，Midjourney都能实现相关创意和想法。

- MJ5.2（真实细节）：强调真实细节的表现，注重真实世界中的细节和纹理，使得图像看起来更加逼真和生动。
- NJ5.0（动漫增强）：专注于动漫风格的模式，在该模式下生成的图像具有更加鲜明的动漫风格，色彩更加鲜艳，线条更加流畅。
- MJ5.1（艺术增强）：专注于真实艺术风格图像的表现，在该模式下生成的图像具有强烈的艺术氛围和风格，使得作品看起来更加独特和有创意。
- NJ6.0（动漫质感）：也是专注于动漫风格的模式，在该模式下生成的图像不仅具有鲜明的动漫风格，还有较好的细节表现。
- MJ6.0（真实质感）：强调真实质感的表现，在该模式下生成的图像注重真实世界中的质感表现，如光影、材质等，使得作品看起来更加真实和立体。

例如，为《山行留客》这首古诗绘制插图，要求呈现诗中借留客宿于春山之中、山水意境清幽的场景。

## 文生图

使用方式：输入关键词。

关键词描述方式：主体描述+环境场景+艺术风格+摄像机视角+细节补充。

主要参数：模式、模型、生成比例、高级参数（质量化、多样化、风格化）。

示例

模式：MJ绘画>NJ6.0（动漫质感）。

**质量化／风格化／多样化**：60／100／1。

**生成比例**：9∶16。

**关键词描述**：古代诗人在春日，阳光透过窗帘洒在他脸上，微笑。春光，外面景色明亮温暖，绿色植物，绚烂花朵，沐浴阳光，和煦微笑。插画风格，中国风，明亮色调，轻柔色调，温暖阳光，明亮光线，绿色调。长焦镜头，传统服饰，清晨氛围。

示例效果：

### 拓展训练

使用相同的关键词和参数设置，运用MJ绘画中的其他模式为《山行留客》这首古诗绘制插图，以更深入地探索和领悟不同模式下生成的图片的效果差异。

# 8.6　课后练习

### 1．填空题

（1）国际标准的原纸称为_____，国内标准的原纸称为_____。

（2）_____是书页裁切一边的空白处，即书籍订口外其余3边的切光部分。

（3）_____是书籍内页的基本框架，具体指版面中除去页边距以外的主要内容区域。

（4）画册的常见尺寸有_____、_____、_____。

### 2．选择题

（1）【单选】正度纸16开的成品净尺寸通常为（　　）。

A．260mm×185mm

B．262.3mm×196.75mm

C．185mm×130mm

D．298.5mm×222.25mm

（2）【单选】（　　）也称封套、全护封、包封或外包封，是指包裹在书籍封面外的另一张外封面，主要起到保护和装饰封面，以及宣传书籍的作用。

A．封面　　　　　　　B．护封　　　　　　　C．函套　　　　　　　D．腰封

（3）【单选】（　　）又称书名页，是位于封面或环衬之后的页面。

A．版权页　　　　　　B．扉页　　　　　　　C．前言页　　　　　　D．篇章页

（4）【单选】前言页、目录页中的页码一般用（　　），正文中的页码一般用（　　）。

A．罗马数字；阿拉伯数字　　　　　　　　B．罗马数字；罗马数字

C．阿拉伯数字；罗马数字　　　　　　　　D．阿拉伯数字；阿拉伯数字

（5）【多选】Photoshop提供（　　），可用于调整色彩。

A．"调整"面板　　　B．调色命令　　　　　C．调整图层　　　　　D．调色工具组

（6）【多选】Midjourney的MJ绘画中包含（　　）模式。

A．MJ5.2（真实细节）　　　　　　　　　　B．MJ6.0（真实质感）

C．MJ5.1（艺术增强）　　　　　　　　　　D．NJ6.0（动漫质感）

### 3. 操作题

（1）为文学书籍《稻草人》制作210mm×297mm的封面、封底，以及厚度为40mm的书脊，要求风格现代、简约、大方，有油画质感，具有较强的美观性，且要能体现"稻草人"主题，参考效果如图8-43所示。

（2）为美食画册制作两张内页，该画册成品尺寸为210mm×140mm，要求先对提供的美食图片进行调色处理，然后添加文字进行排版，整体设计能体现美食的诱人魅力，参考效果如图8-44所示。

（3）使用AI工具为《水竹居》古诗设计插图，要求能体现该诗的内容和意境，风格、尺寸不限，参考效果如图8-45所示。

图8-43　《稻草人》封面、封底和书脊　　　　图8-44　美食画册内页　　　图8-45　古诗插图

**Ps**

第                    **9**                    章

# 界面设计

随着数字化浪潮的兴起和互联网时代的到来，以及智能化电子产品的普及，越来越多的企业和产品开始注重以用户为中心的界面设计。优秀的界面设计不仅能赋予产品美观、简洁与时尚的界面，更能充分展现产品的独特个性与品位。同时，经过精心设计的界面还能极大地简化操作流程，使用户在享受高科技带来的便捷与高效的同时，感受到极致的舒适与轻松。

## 学习目标

▶ **知识目标**

◎ 了解界面设计的常见类型。
◎ 掌握界面元素设计规范。

▶ **技能目标**

◎ 能够以专业手法设计不同类型的界面。
◎ 能够使用 Photoshop 布局与制作界面。
◎ 能够借助 AI 工具完成界面的创意设计。

▶ **素养目标**

◎ 培养界面设计兴趣，提升逻辑思维能力。
◎ 提升对界面布局和视觉的审美。
◎ 提升对界面整体风格与色彩的把控力。

学习引导

---

**STEP 1　相关知识学习**　　　　　　　　　　　建议学时：__1__ 学时

| | |
|---|---|
| 课前预习 | 1. 扫码了解界面设计的概念、基本原则，建立对界面设计的基本认识。<br>2. 上网搜索不同风格的界面设计案例，熟悉常见风格，同时提升对界面的审美。 |

课前预习

| | |
|---|---|
| 课堂讲解 | 1. 界面设计的常见类型。<br>2. 界面元素设计规范。 |
| 重点难点 | 1. 学习重点：图标设计、App界面设计、网页界面设计。<br>2. 学习难点：图标规范、按钮规范、色彩规范、文字规范。 |

---

**STEP 2　案例实践操作**　　　　　　　　　　　建议学时：__2__ 学时

| 实战案例 | 1. 设计阅读类App界面。<br>2. 设计企业官方网站界面。 | 操作要点 | 1. 图框工具、画板工具的运用。<br>2. Camera Raw滤镜的应用。 |
|---|---|---|---|

案例欣赏

---

**STEP 3　技能巩固与提升**　　　　　　　　　　建议学时：__4__ 学时

| | |
|---|---|
| 拓展训练 | 1. 设计家居App界面。<br>2. 设计旅游网站界面。 |
| AI 辅助设计 | 1. 使用神采PromeAI设计音乐App图标。<br>2. 使用IPensoul绘魂设计音乐App界面。 |
| 课后练习 | 通过填空题、选择题、操作题巩固理论知识，并提升设计能力与实操能力。 |

# **9.1** 行业知识：界面设计基础

界面设计（或称UI设计）是指对产品界面的人机交互、操作逻辑、界面美观性的整体设计。美观的界面能够第一时间吸引用户的视线，让用户有继续浏览的欲望，同时，还能提升用户好感度，给用户留下深刻印象。

## 9.1.1 界面设计的常见类型

界面设计的应用领域非常广泛，各应用领域对应不同的设计类型，其设计内容也有所不同。

### 1. 图标设计

图标又称icon，广义上指具有高度浓缩、快速传递信息、便于记忆等特征的图形符号。图标根据使用场景的不同可划分为应用程序图标和系统图标，如图9-1所示。应用程序图标是指应用在计算机或手机桌面的应用程序的浓缩标识，通常也是用户对该应用程序的第一印象；系统图标是指应用于软件、网站和App内的，针对软件、网站和App功能的浓缩标识。

### 2. App界面设计

App是Application（应用程序）的简称，一般是指在手机中安装的第三方应用程序。App界面设计可以将整个App概念具象化。App界面一般由状态栏、标签栏、内容区域和导航栏组成，如图9-2所示。

- 状态栏：位于界面顶端，用于显示手机当前运营商、信号和电量等信息。
- 标签栏：位置不固定，用于切换界面中的显示内容。
- 内容区域：界面中面积最大的区域，用于放置该界面的主要内容。
- 导航栏：位置不固定，用于告知用户当前所处的界面，也提供切换到其他界面的功能。

图9-1　图标类型

图9-2　App界面组成

### 3. 软件界面设计

软件是为了某种特定功能而开发的位于计算机上的工具。软件界面设计主要是指针对该软件的不同功能进行界面、人机交互和用户体验设计。设计人员在进行软件界面设计时，应统一不同界面的风格，在不同界面中保留相同的元素，使界面之间彼此互相关联。软件界面通常由导航栏、命令栏和内容区域等部分组成，如图9-3所示。

图9-3 软件界面组成

● **导航栏**。导航栏提供切换到其他界面的功能，使用户能够明确界面位置和层级。常见的导航栏模式有左侧导航栏和顶部导航栏，当导航栏项目或应用程序超过5个界面时，常使用左侧导航栏。左侧导航栏通常可以折叠，而顶部导航栏是始终可见的。

● **命令栏**。命令栏提供快速使用软件、访问其他界面等的功能，可以配合导航栏进行使用，通常放置在界面的顶部或底部。

● **内容区域**。内容区域用于展示该界面的主要内容，根据不同的内容可划分不同的界面类型。

### 4. 网页界面设计

网页界面是在网络中根据一定的规则，使用相关工具制作的用于展示集合特定内容的载体。网页界面设计则是指根据集合内容和不同使用需求对网站界面进行规划和美化等，可以实现更加丰富、生动的效果。网页界面主要由页头、Banner、板块内容和页尾4部分组成，如图9-4所示。

● **页头**：主要包含网站标识和导航栏等内容。导航栏需要

图9-4 网页界面组成

展示网页的类目，便于用户查看二级内容。

● Banner：一般位于导航栏下方，主要展现网页的重点内容，如宣传活动、宣传广告、主推的产品等。Banner需要有较强的视觉影响力，而且要突出产品卖点。

● 板块内容：一般位于Banner下方，主要对网页的主题内容进行展示。

● 页尾：属于网页的结尾部分，一般用于对网页内容进行总结，展示分类信息，与导航栏具有一定的对应关系，便于用户重新浏览网页，底部还会展示版权声明、备案信息等。

## 9.1.2　界面元素设计规范

界面元素设计规范主要涉及对界面上的图标、按钮、色彩和文字等元素的规范，从而使界面设计视觉效果具有统一性和整体性。

### 1. 图标规范

同一个界面中不同类型的图标大小要有所不同，设计人员可根据图标的使用环境和用途，选择合适的尺寸进行制作。

● 各种应用程序的启动图标通常以1024px×1024px（px表示像素，即按照像素格计算的单位）的尺寸来设计，后续应用于不同界面时再根据需要调整大小。

● 界面中可点击的功能型图标的常见尺寸有48px×48px、40px×40px、32px×32px、24px×24px、18px×18px。

● 界面中用作引导、装饰、提示状态，或不可点击的修饰型图标的常见尺寸有16px×16px、12px×12px、10px×10px。

### 2. 按钮规范

按钮是界面设计中的常见元素，设计人员应将按钮的设计规范以文字的形式进行说明，包括按钮的尺寸、圆角半径、描边粗细，以及按钮中的字体大小等，如图9-5所示。按钮的视觉体现主要包括默认、点击和禁用3种状态，通常情况下，点击状态按钮色彩透明度是默认状态按钮色彩透明度的50%，禁用状态按钮的色彩为浅灰色"#cccccc"，如图9-6所示。

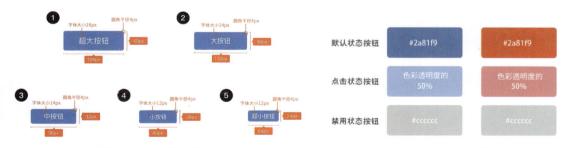

图9-5　按钮标注规范　　　　　　　　　　图9-6　不同状态按钮的色彩

### 3. 色彩规范

先确定界面设计中不同界面使用的色彩种类，然后将不同界面用到的主色、辅助色、点缀色、字体用色、图标用色、按钮用色，以及所有图片用到的颜色罗列出来，如图9-7所示。

#### 4. 文字规范

文字规范是指在不同系统上使用的字体、字号和颜色规范，保证使用位置标准、界面字体统一，使界面内容层级清晰，界面功能明显。

● **系统字体默认规范**。iOS默认中文字体为"苹方"，英文字体为"San Francisco"，两种字体纤细饱满，便于阅读；Android系统默认中文字体为"思源黑体"，英文字体为"Roboto"，两种字体的线条都粗细适中，端正大方；Windows系统默认使用"微软雅黑"中文字体，"Segoe UI"英文字体；macOS默认使用"苹方"中文字体，"Serif"英文字体。

● **字号规范**。App界面中导航栏字号和标题字号为34px~36px、正文字号为32px~34px、副文字号为24px~28px，最小字号不低于20px，图9-8所示为某App搜索界面的导航栏和正文字号展示；网页界面常用的字号为12px~30px，14px能保证用户在常用显示器上的阅读效率；软件界面常用的字号为12px~56px。

● **颜色规范**。界面中文字的颜色不宜过多，可选择一种颜色作为主色，在主色的基础上调整颜色的透明度进行应用。

| 文字用色 | 色块 | 色号 | 使用场景 |
|---|---|---|---|
| 文字1 | | #ffffff | 可用作界面底色、主色或者用于按钮 |
| 文字2 | | #cccccc | 可用于失效或辅助类文字 |
| 文字3 | | #999999 | 可用于提示类文字 |
| 文字4 | | #666666 | 可用于辅助或默认状态下的文字 |
| 文字5 | | #333333 | 可用于重要级正文或标题 |

图9-7 色彩规范示例　　　　　　　图9-8 某App搜索界面的导航栏和正文字号展示

● **行间距规范**。行间距默认为字体大小的1~1.5倍，也可根据实际情况设定。

## 9.2 实战案例：设计阅读类App界面

### 案例背景

某阅读类App坚持"智能推荐、个性定制、舒适阅读"的核心理念，致力于为用户提供丰富多样的阅读内容，同时注重用户体验。现需要设计App界面，提升用户体验，具体要求如下。

（1）界面风格统一，整体风格应简洁、大气，符合现代审美趋势。

（2）色彩搭配应舒适、不刺眼，以提供较佳的阅读体验。

（3）界面布局应合理、清晰，便于用户快速找到所需功能。

（4）图标和按钮设计应简洁明了，易于识别，重要信息和操作按钮应突出显示。

## 💡 设计思路

（1）色彩风格。选择简约、清新的色彩风格，以较为清新的薄荷绿为主，搭配灰色，在此基础上适当调整明度和纯度，制作丰富、有层次感、和谐的色彩效果。

（2）字体规范。选择"思源黑体 CN"作为App界面的主要字体，方便用户识别，加粗处理标题及重要文字信息，或使用主色进行强调。

（3）界面内容布局。本例以制作主页、书架页界面为例。主页界面可采用分栏布局方式，上方为状态栏和搜索栏，中上方为宣传海报和标签栏，中下方为各个板块，底部为导航栏；书架页界面保持状态栏、搜索栏和导航栏位置不变，中上方为"新书上架"板块，中下方采用可向下滑动的方式展示书架列表。本例界面设计的原型如图9-9所示。

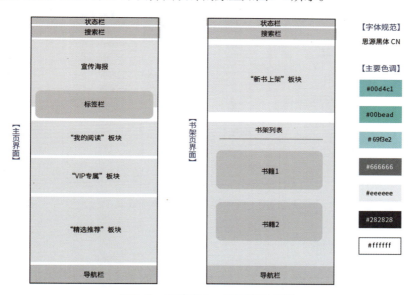

图9-9　阅读类App界面设计原型

### 🖊 设计大讲堂

　　绘制原型图是App界面设计的常见操作，原型图可以看作产品成型之前的初步框架，用于对产品的初步构思进行可视化展示。设计人员明确视觉定位后，即可进行原型图的绘制。在绘制原型图时，需要对界面的内容逻辑、风格、色彩、字体、图文布局、交互方式等关键元素进行明确，确定每个界面中的内容与结构都得到详尽规划，从而能将界面逻辑表达清楚。

## 🖱 操作要点

（1）使用钢笔工具、形状工具组绘制矢量的界面图标。

（2）使用画板工具在同一个文件中创建多个界面画板。

（3）结合素材、文字工具组、形状工具组、图层样式、蒙版等完成界面内容的制作。

操作要点详解

本例的参考效果如图9-10所示。

图9-10　阅读类App界面参考效果

### 9.2.1 设计界面图标

微课视频

设计界面图标

根据原型图布局中的板块需求，使用形状工具组、钢笔工具等，分别为导航栏绘制主页、分类、VIP、书架图标，为VIP专属栏绘制领红包、福利任务、积分兑换、优惠券折扣图标，为标签栏绘制阅读记录、我的收藏、购买记录、积分、每日签到图标，为搜索栏绘制搜索、消息图标。具体操作如下。

（1）新建名称为"图标"、大小为"100像素×100像素"、分辨率为"72像素/英寸"的文件。

（2）先制作导航栏的图标。选择"钢笔工具" ，在工具属性栏中设置工具模式为"形状"、填充为薄荷绿"#00d4c1"，取消描边，绘制图9-11所示的选中状态下的主页图标。

（3）按【Ctrl+J】组合键复制图层，取消填充，设置描边为灰色"#666666"、描边宽度为"3像素"，效果如图9-12所示，制作未选中状态的主页图标。

（4）使用与步骤（2）、步骤（3）相同的方法，分别绘制导航栏中分类、VIP、书架图标的选中和未选中状态，如图9-13所示。

（5）接下来绘制VIP专属栏中的图标。选择"钢笔工具" ，设置填充为薄荷绿"#00d4c1"，取消描边，绘制图9-14所示的红包图形。

（6）使用"横排文字工具" 在红包镂空的圆形区域输入"￥"，选择【文字】/【转换为形状】命令，在"图层"面板中按住【Ctrl】键选中红包形状和文字形状图层，单击鼠标右键，在弹出的快捷菜单中选择"合并形状"命令，效果如图9-15所示。

（7）使用与步骤（5）、步骤（6）相同的方法，分别绘制VIP专属栏中的福利任务、积分兑换、优惠券折扣图标，如图9-16所示。

（8）接下来绘制标签栏中的图标。选择"椭圆工具" ，设置填充为黄绿色"#8ddc39"，取消描边，绘制一个较大的圆形，如图9-17所示。选择"钢笔工具" ，设置填充为白色，在圆形中绘制书页图形，效果如图9-18所示，制作阅读记录图标。

图9-11　选中状态　　图9-12　未选中状态　　图9-13　导航栏其他图标　　图9-14　红包图形

图9-15　合并形状　　图9-16　VIP专属栏其他图标　　图9-17　圆形　图9-18　阅读记录图标

（9）使用与步骤（8）相同的方法，分别绘制标签栏中的我的收藏、购买记录、积分、每日签到图标，如图9-19所示。

（10）隐藏"背景"图层，综合运用"椭圆工具" 、"钢笔工具" 绘制搜索图标和消息图标，如图9-20所示，最后整理图层，按照图标所在板块分图层组放置。

图9-19　标签栏其他图标　　　　　图9-20　搜索图标和消息图标

## 9.2.2 制作主页界面

微课视频

制作主页界面

依据原型图制作主页界面，可以在大约三分之一的区域运用薄荷绿，其他区域主要采用白色和浅灰色，丰富界面色彩；采用图标和文字结合的方式对分类信息进行展示，增强界面的观赏性。具体操作如下。

（1）按【Ctrl+N】组合键打开"新建文档"对话框，打开"移动设备"选项卡，选择"iPhone X"选项，勾选"画板"复选框，单击 创建 按钮，在"图层"面板中双击"画板1"名称，修改为"主页"。

（2）选择"矩形工具" ，在顶部绘制一个1125像素×811像素的矩形，设置填充为薄荷绿"#00d4c1"。在矩形中上方绘制一个1177像素×17像素的矩形分隔线，设置填充为青色"#69f3e2"。在分隔线上方绘制一个大小适中的圆角矩形，作为搜索框，在"属性"面板中设置圆角半径为"24像素"、填充为深青色"#00bead"，效果如图9-21所示。

（3）打开"界面素材.psd"素材，将"状态栏"图层组素材添加到界面最上方，将头像素材添加到搜索框左侧，将宣传图素材添加到分隔线下方。打开之前制作的"图标.psd"文件，将搜索图标、消息图标依次添加到搜索框右侧。

（4）使用"横排文字工具" T 在搜索框中输入提示文字，效果如图9-22所示。

（5）选择"矩形工具" ，设置填充为白色"#ffffff"、圆角半径为"16像素"，在宣传图下方绘制一个1046像素×243像素的圆角矩形。选择【图层】/【图层样式】/【投影】命令，打开"图层样式"对话框，设置投影颜色为黑色"#000000"，设置混合模式、不透明度、角度、距离、扩展、大小分别为"正片叠底""16""92""0""8""8"，单击 确定 按钮。

（6）选择"直线工具" ，设置填充为浅灰色"#eeeeee"，取消描边，设置描边粗细为"1.5像素"，在下方绘制一条横线。使用"矩形工具" 在横线下方绘制1108像素×23.7像素的矩形，设置填充为浅灰色"#eeeeee"，作为较粗的分隔线，如图9-23所示。

图9-21　绘制搜索框

图9-22　输入提示文字

图9-23　制作分隔线

（7）打开"图标.psd"文件，将标签栏图标添加到白色圆角矩形中，然后在图标下方输入对应的文字"阅读记录""我的收藏""购买记录""积分""每日签到"，设置字体为"思源黑体 CN"、文字颜色为灰色"#666666"、字体样式为"Regular"。

（8）在横线下方左侧输入"我的阅读"文字，设置字体为"思源黑体 CN"、字体样式为"Medium"、文字颜色为黑色。在下方依次输入阅读信息，修改文字颜色为灰色"#666666"、数字的字体样式为"Bold"、其他信息的字体样式为"Regular"，效果如图9-24所示。

（9）将"我的阅读"小标题、横线、较粗的分隔线复制到下方，将小标题分别修改为"VIP专属""精选推荐"。

（10）使用"椭圆工具" 在"VIP专属"小标题右侧绘制3个相同的小圆，设置填充为中灰色"#878787"，作为"展开查看更多信息"按钮。复制这3个小圆到"精选推荐"小标题右侧。

（11）切换到"图标.psd"文件，将VIP专属栏图标添加到对应小标题下方，然后在图标下方输入对应的文字"领红包""福利任务""积分兑换""优惠券折扣"，如图9-25所示。

（12）选择"矩形工具" ，设置填充为薄荷绿"#00d4c1"、圆角半径为"20像素"，在"精选推荐"小标题下方绘制4个236.5像素×327.5像素的圆角矩形。选择其中任意一个圆角矩形，选择【图层】/【图层样式】/【投影】命令，打开"图层样式"对话框，设置投影颜色为灰色"#666666"，设置混合模式、不透明度、角度、距离、扩展、大小分别为"正片叠底""28""92""10""0""26"，单击 确定 按钮。

（13）在该图层上单击鼠标右键，在弹出的快捷菜单中选择"拷贝图层样式"命令，依次选择其他3个圆角矩形图层，单击鼠标右键，在弹出的快捷菜单中选择"粘贴图层样式"命令。

（14）在底部绘制宽于画板、高159像素的白色矩形，选择【图层】/【图层样式】/【投影】命令，打开"图层样式"对话框，设置投影颜色为黑色"#000000"，设置混合模式、不透明度、角度、距离、扩展、大小分别为"正片叠底""8""-90""13""0""21"，单击 确定 按钮，如图9-26所示。

图9-24　输入阅读信息

图9-25　输入对应的文字

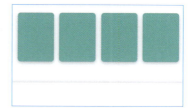
图9-26　投影效果

（15）切换到"界面素材.psd"素材，将4张书籍封面分别移至4个圆角矩形上，接着向下创建剪贴蒙版，然后在封面下方输入对应的作者名、书名信息。

（16）打开"图标.psd"文件，将导航栏图标添加到界面底部，然后在图标下方输入对应的文字，完成主页界面的制作，最终效果如图9-27所示。

### 9.2.3　制作书架页界面

依据原型图制作书架界面，在"新书上架"板块可着重展示书籍封面，在书架列表中可根据书籍类型设置分类标签，方便用户查找，同时展示已读书的阅读进度、评分等信息。具体操作如下。

微课视频

制作书架页界面

（1）选择"画板工具"，在工具属性栏中单击"添加新画板"按钮，设置大小为"iPhone X"，在"主页"画板右侧单击新建画板，在"图层"面板中设置新画板名称为"书架"。

（2）在"图层"面板中依次选中主页界面中的导航栏、搜索栏、状态栏、小标题、分隔线、"精选推荐"板块，按【Ctrl+C】组合键复制，选中"书架"画板，按【Ctrl+V】组合键粘贴；或按住【Alt】键不放，使用"移动工具" 将主页界面中的内容拖曳到书架页界面中，跨画板复制内容。

（3）修改导航栏的图标和文字，修改"精选推荐"为"新书上架"，并调整圆角矩形布局、替换书籍封面，如图9-28所示。

（4）使用"直线工具" 在界面下方绘制一条浅灰色的横线，使用"矩形工具" 在横线左端绘制一个薄荷绿的小矩形，然后在横线上方输入"全部""小说""传记""散文"标签文字，并使"全部"文字位于薄荷绿的小矩形上方，设置"全部"文字的文本颜色为薄荷绿，其他文字的文本颜色为灰色"#666666"。

（5）选择"矩形工具" □，设置填充为白色"#ffffff"、圆角半径为"16像素"，在薄荷绿小矩形下方绘制1032像素×434像素的圆角矩形，选择【图层】/【图层样式】/【投影】命令，打开"图层样式"对话框，设置投影颜色为灰色"#666666"，设置混合模式、不透明度、角度、距离、扩展、大小分别为"正片叠底""17""90""11""0""46"，单击 确定 按钮。

（6）切换到"界面素材.psd"素材，将展示台图像添加到圆角矩形左侧，将书籍封面图像移到展示台图像上方，在其右侧输入对应的书籍类别、书名、作者名、阅读进度文字。

（7）使用"矩形工具" □ 为书籍类别文字绘制薄荷绿圆角矩形框，在阅读进度文字左侧绘制一个较长的灰色圆角矩形条和一个较短的薄荷绿圆角矩形条。

（8）选择"多边形工具" ○，设置边数为"5"，单击 ✿ 按钮，在打开的下拉面板中设置星形缩进为"50%"，取消勾选"平滑星形缩进"复选框，在画面中绘制5个五角星，设置填充分别为黄色"#fdd000"、淡灰色"#e2e2e2"。

（9）复制步骤（5）～（8）制作的内容到下方，修改书籍信息和书籍封面图像，最终效果如图9-29所示。

图9-27　主页界面效果

图9-28　复制并修改内容

图9-29　书架页界面效果

## 9.3　实战案例：设计企业官方网站界面

### 案例背景

芸清新能源企业专注风力和电力技术研发，近年来积极发展陆上风电、海上风电、光伏发电等业务，已基本形成风电、太阳能、储能、战略投资等相互支撑、协同发展的业务生态体系。鉴于近期该企业新开发的海上风电项目取得了一定的成绩，企业准备重新设计企业官网界面，方便客户了解企业信息，以更好地宣传企业，具体要求如下。

（1）内容主要展现新能源的使用场景，能弘扬企业文化和体现热门业务。

（2）网页结构符合逻辑，主题明确，内容清楚、有层次，视觉效果美观，符合企业形象。

### 设计思路

（1）色彩风格。以较为沉稳的蓝色为主色，以灰色为辅助色，搭配绿色、橙色进行点缀。

（2）字体规范。选择识别性强的黑体类字体，如方正品尚粗黑简体、思源黑体CN。

（3）界面组成与布局。在首页中主要展示企业形象，体现企业的优势，如企业现状、未来展望、热门业务等。在内页中，可先以Banner的形式展示内页主题，然后以列表的形式展现类目，并采用图文结合的方式体现企业在该类目的优秀案例，如图9-30所示。

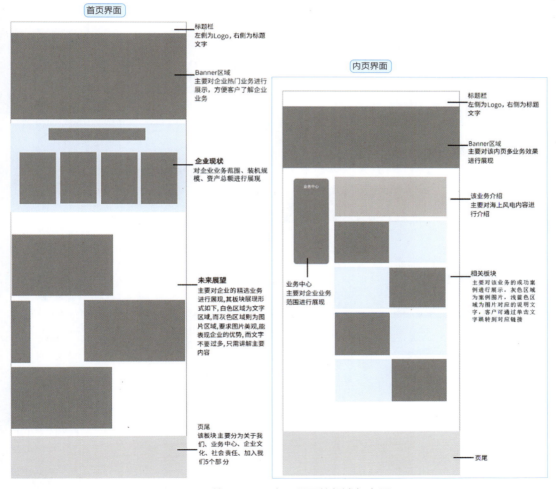

图9-30　首页界面和内页界面的组成与布局

本例的参考效果如图9-31所示。

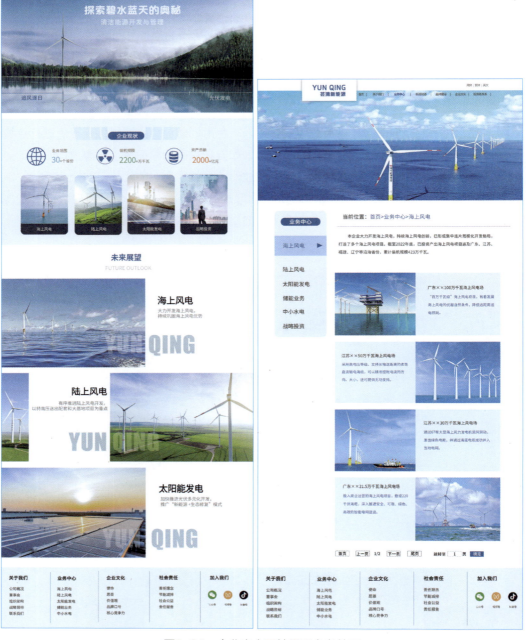

图9-31　企业官方网站界面参考效果

### 操作要点

操作要点详解

（1）运用Camera Raw滤镜优化图片的色彩效果。

（2）运用图框工具确定图片的位置和显示范围。

### 9.3.1 设计首页界面

微课视频

设计首页界面

依据导航栏、Banner、主题板块、页尾的顺序制作首页界面，运用形状工具组绘制形状并布局，然后添加图片和文字，对于色彩效果不好的图片还可使用Camera Raw滤镜进行美化。具体操作如下。

（1）按【Ctrl+N】组合键打开"新建文档"对话框，打开"Web"选项卡，选择"网页-大尺寸"选项，勾选"画板"复选框，单击 创建 按钮。

（2）选择"矩形工具" ⬜ ，在左上角绘制370像素×150像素的白色矩形。选择【图层】/【图层样式】/【投影】命令，设置投影颜色、不透明度、角度、距离、扩展、大小分别为灰色"#928e8e""64""120""4""0""21"，单击 确定 按钮。

（3）选择"横排文字工具" T ，设置字体为"方正品尚粗黑简体"、文本颜色为蓝色"#0867ae"，在矩形中输入企业名称的中文和拼音；在界面顶部右侧输入"简体 | 繁体 | 英文"文字，修改字体为"思源黑体 CN"、文本颜色为灰色"#666666"，效果如图9-32所示。

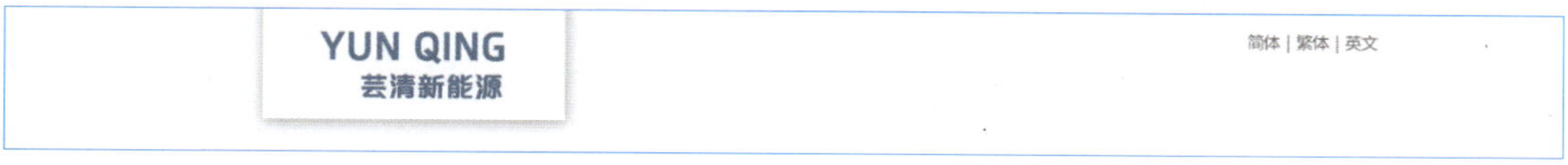

图9-32　输入文字

（4）选择"矩形工具" ⬜ ，在下方绘制1920像素×1077像素的黑色矩形，置入"网页界面图1.jpg"素材，将其拖曳到黑色矩形上，调整大小和位置，按【Alt+Ctrl+G】组合键创建剪贴蒙版。在"图层"面板中将白色矩形及其中的文字图层移至顶部，效果如图9-33所示。

**操作小贴士**

在界面设计中使用画板的好处之一是可以随时调整宽度、高度和位置。在进行网页设计时，一般会保持1920像素的宽度固定不变，画板高度则可根据设计需求随时调整。选择"画板工具" ，单击当前画板名称，然后向下拖曳画板底部边缘，即可任意调整高度，同时不会影响已有内容的大小和位置。

（5）由于图片色调偏绿、色彩不够鲜明，因此可以进行调整。选择【滤镜】/【Camera Raw 滤镜】命令，打开"Camera Raw"对话框，在"基本"栏中设置色温、色调、对比度、高光、阴影、黑色、去除薄雾分别为"-19""-9""+5""+7""+29""+7""+18"；在"混色器"栏中打开"明亮度"选项卡，设置绿色、蓝色分别为"+14""+4"，单击 确定 按钮。

（6）选择"横排文字工具" T ，在图片中输入宣传语，设置字体分别"方正品尚粗黑简体""思源黑体CN"、文本颜色为白色"#ffffff"、图层不透明度分别为"85%""68%"。

（7）在图片顶部输入导航栏文字，将"首页"文字加粗显示，表示当前为界面首页。

（8）选择"直线工具" ／ ，在图片左下方绘制颜色为蓝色"#0867ae"、大小为"480像素×3像素"的线段，然后在线段右侧绘制一条短竖线。选择绘制的线段和短竖线，按住【Alt】键向右拖动复制，重复操作共复制3次，再将线的颜色修改为白色"#ffffff"。

（9）选择"横排文字工具" T ，设置字体为"思源黑体 CN"，在线段下方输入文字，效果如图9-34所示。

图9-33　调整图层顺序

图9-34　输入文字（1）

（10）选择"矩形工具" ⬜，设置填充为淡蓝色"#eff7fd"，绘制1920像素×1000像素的矩形。然后在矩形上方绘制圆角半径为"30像素"、大小为"278像素×63像素"的圆角矩形，并设置填充为蓝色"#0867ae"。

（11）置入"网页图标1.png"素材，将其拖曳到圆角矩形下方。新建图层，使用"钢笔工具" ✒在圆角矩形周围绘制图9-35所示的形状，并填充为浅蓝色"#e2f1fb"。

（12）选择"横排文字工具" Ｔ，设置字体为"思源黑体 CN"，输入图9-36所示的文字。

图9-35　绘制形状

图9-36　输入文字（2）

（13）选择"矩形工具" ⬜，绘制4个任意填充颜色、圆角半径为"30像素"、大小为"360像素×470像素"的圆角矩形。

（14）依次置入"网页界面图2.jpg～网页界面图5.jpg"素材，将素材按名称次序从左到右分别拖曳到绘制的圆角矩形上，调整大小和位置，按【Alt+Ctrl+G】组合键创建剪贴蒙版，效果如图9-37所示，然后根据实际情况，适当运用Camera Raw 滤镜，使图片更加美观、色调更加和谐统一。

（15）选择"矩形工具" ⬜，在圆角矩形上分别绘制填充为墨蓝色"#1c3a51"、大小为"380像素×100像素"的矩形，向下创建剪贴蒙版。

（16）选择"横排文字工具" Ｔ，设置字体为"思源黑体 CN"，在矩形上输入图9-38所示的文字。

图9-37　置入与编辑素材

图9-38　输入文字（3）

（17）选择"矩形工具" ⬜，设置填充为蓝色"#0867ae"，在圆角矩形下方分别绘制1300

像素×700像素、210像素×700像素、1100像素×700像素、1300像素×700像素的矩形。

（18）依次置入"网页界面图6.jpg～网页界面图9.jpg"素材，将素材按名称次序从上到下分别拖曳到绘制的矩形上，调整大小和位置，按【Alt+Ctrl+G】组合键创建剪贴蒙版，如图9-39所示，然后根据实际情况，适当运用Camera Raw 滤镜，使图片更加美观、色调更加和谐统一。

（19）使用"横排文字工具" T, 输入"YUN QING"文字，设置字体为"Impact"、文本颜色为白色"#ffffff"，然后在"图层"面板中设置该图层的填充为"30%"，再将图片区域外的文字颜色修改为蓝色"#0867ae"。

（20）使用"横排文字工具" T, 输入图9-40所示的文字，设置字体为"思源黑体 CN"。

（21）使用"矩形工具" □ 在画板底部绘制一个1920像素×500像素的矩形，设置填充为淡蓝色"#eff7fd"。

（22）打开"网页图标2.png"素材，将图标素材拖曳到矩形右侧。

（23）使用"横排文字工具" T, 输入文字，设置字体为"思源黑体 CN"、文字颜色为黑色，并将最上方一行的文字加粗显示。选择"直线工具" ✐，绘制4条竖线，设置填充均为蓝色"#0867ae"、图层不透明度均为"40%"，效果如图9-41所示。

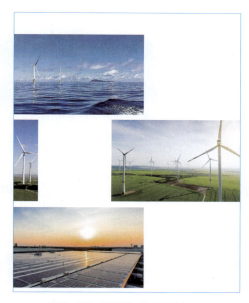

图9-39　调整与变化图片

图9-40　输入文字（4）

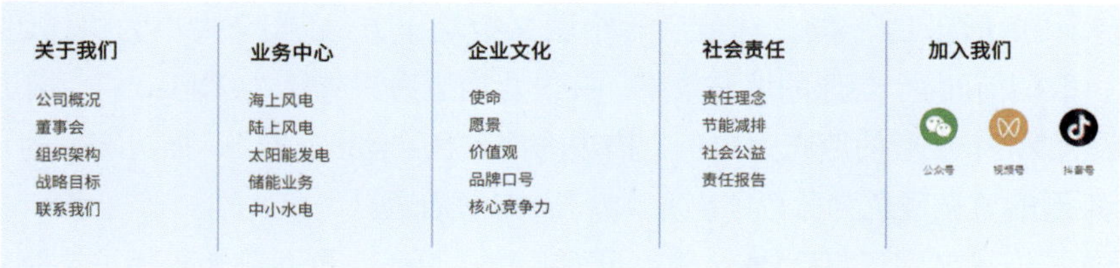

图9-41　输入文字并绘制竖线

微课视频

设计内页界面

### 9.3.2 设计内页界面

由于近期该企业海上风电项目取得了较好的成绩，便计划设计"业务中心"内页，以列表的形式展现业务类目，并特别采用图文结合的方式体现海上风电的优秀案例，以便客户更直观地了解企业的实力与成就。具体操作如下。

（1）按【Ctrl+N】组合键打开"新建文档"对话框，打开"Web"选项卡，选择"网页-大尺寸"选项，勾选"画板"复选框，单击 创建 按钮。

（2）选择"图框工具" ⊠ ，在面板顶部绘制1920像素×820像素的长方形图框，如图9-42所示，"图层"面板中自动新建一个"图框 1"图层。选中该图层，在"属性"面板的"插入图像"下拉列表中选择"从本地磁盘置入-嵌入式"选项，将自动打开"置入嵌入的对象"对话框，在其中选择"内页图1.jpg"素材，单击 置入(P) 按钮，然后按【Ctrl+T】组合键调整图片素材在图框中的大小和位置，按【Enter】键确认。

（3）将首页界面中的导航栏内容复制到内页界面中的相同位置，修改导航栏中的强调文字为"业务中心"，效果如图9-43所示。

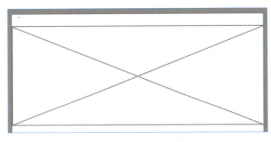

图9-42　绘制图框

图9-43　复制与修改导航栏内容

（4）选择"矩形工具" ▢ ，设置填充为淡蓝色"#eff7fd"、圆角半径为"30像素"，在Banner左下方绘制380像素×950像素的圆角矩形。

（5）在圆角矩形的中间区域绘制填充为浅蓝色"#a3d4f9"、大小为"540像素×150像素"的矩形，并与圆角矩形创建剪贴蒙版。修改填充颜色为蓝色"#0867ae"、圆角半径为"28像素"，在圆角矩形的上方绘制290像素×60像素的圆角矩形，如图9-44所示。

（6）在列表右侧绘制一条灰色横线，在其右下方绘制一个浅蓝色矩形，在矩形左侧置入"内页图2.jpg"素材，然后使用"横排文字工具" T 输入图9-45所示的文字。

（7）选中"内页图2"图层，使用"图框工具" ⊠ 在上面绘制矩形显示范围框，如图9-46所示。使用相同的方法，在下方制作其他3个图文板块。

（8）选择"矩形工具" ▢ ，在最后一个图文板块下方绘制6个大小为"100像素×40像素"的矩形，取消前面4个矩形的填充效果，并设置描边为深灰色"#383a3b"、描边宽度为"1点"，然后设置第5个矩形的填充为白色、描边为深灰色"#383a3b"、描边宽度为"1点"；设置最后一个矩形的填充颜色为蓝色"#0867ae"，取消描边。

（9）选择"横排文字工具" T ，输入页面名称、页码、页面跳转等相关文字，设置字体为"思源黑体 CN"，效果如图9-47所示，最后将首页界面中的页尾内容复制到内页界面中。

图9-44　绘制列表

图9-45　输入文字

图9-46　绘制图框

图9-47　绘制矩形并输入文字

# 9.4 拓展训练

**实训1　设计家居App界面**

## 实训要求

（1）为"梦想家"家居品牌设计App界面，该App主要用于该品牌旗下家居、家具产品的销售和推广。

（2）设计首页、发现页、个人中心页和登录页4个界面，效果简洁，风格统一，色调清新、自然。

### 操作思路

（1）综合运用图框工具、形状工具组、图层样式等制作各个界面的背景。

（2）在图框中置入家居图片，适当运用Camera Raw滤镜优化图片效果。

（3）使用文字工具组输入文字，添加图标、Logo、导航栏、状态栏等素材。

具体设计过程如图9-48所示。

①制作首页界面　　②制作发现页界面　　③制作个人中心页界面　　④制作登录页界面

图9-48　家居App界面设计过程

**实训2　设计旅游网站界面**

### 实训要求

（1）为旅游网站制作云南旅游专题页，用于吸引更多游客去云南旅游。

（2）该专题页主要介绍云南的景点和住宿，结合旅游图片进行展示，并添加简短的介绍。

### 操作思路

（1）绘制矩形，布局专题页界面。

（2）置入并编辑旅游图片素材，结合剪贴蒙版、图框工具布局图片。

（3）输入文字，然后添加图层样式、装饰图形等美化文字效果。

具体设计过程如图9-49所示。

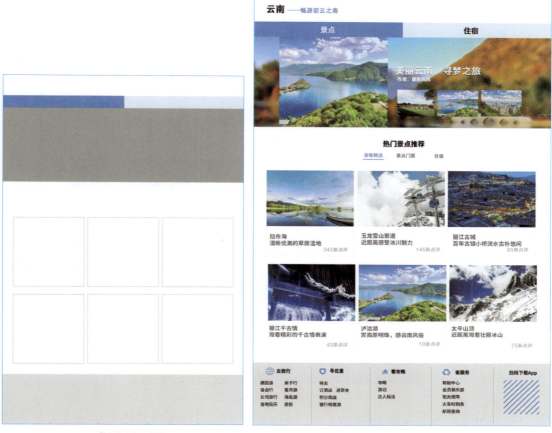

①布局专题页界面　　　　　　　　　　　②添加图片和文字

图9-49　旅游网站界面设计过程

# 9.5　AI辅助设计

神采 PromeAI　设计音乐App图标

神采PromeAI拥有强大的AI驱动设计助手和广泛可控的AIGC模型风格库，具备图片生成、图像编辑、视频生成三大功能。无论用户是经验丰富的设计人员还是初学者，是从事建筑设计、室内设计还是产品设计、游戏动漫设计，都可以在神采PromeAI中找到合适的预设场景或模型，将创意转化为具体的作品。

神采PromeAI可以直接将涂鸦和照片转化为插画，自动识别人物姿势并生成插画，还可以将线稿转化为完整的上色成品稿，并提供多种配色方案。此外，它还能自动识别图片景深信息，生成具有相同景深结构的图片；能识别建筑及室内图片中的线段，并基于这些线段生成新的设计方案等。下面使用神采PromeAI设计音乐App图标。

## 文生图

使用方式：输入关键词。

关键词描述方式：作品类型+主要元素+风格+色彩+其他细节。

主要参数：模式、风格、艺术性、渲染模式。

**示例**

模式：图片生成>草图渲染。

风格：插画>写实幻想>写实幻想01。

关键词描述：一组音乐图标，UI设计，音乐，音符，乐器，渐变风格，蓝紫色，明亮，线条简约。

艺术性：8。

渲染模式：精准。

**示例效果：**

### IPensoul 绘魂　设计音乐App界面

　　IPensoul绘魂的文生图功能也可以用于App界面设计，下面以设计音乐App界面为例进行展示。

## 文生图

使用方式：输入关键词。

关键词描述方式：作品类型+主题+风格+主题元素+色彩+其他细节。

主要参数：模式、模型。

**示例**

模式：文生图。

模型：自由创作。

关键词描述：音乐App界面，UI设计，现代风格，直观简洁，音乐元素，音波，旋律，画面明亮，渐变色，氛围感，光效，冷色调。

**示例效果：**

👆 **拓展训练**

请运用IPensoul 绘魂的文生图功能设计一组与音乐App界面效果相适配的图标。

# 9.6 课后练习

### 1．填空题

（1）图标广义上指具有_____、_____、_____等特征的图形符号。

（2）应用程序的启动图标通常以_____的尺寸来设计。

（3）通常情况下，点击状态按钮色彩透明度是默认状态按钮色彩透明度的_____。

（4）网页界面常用的字号为_____，_____字号能保证用户在常用显示器上的阅读效率。

### 2．选择题

（1）【单选】App界面中文字的字号尽量不低于（　　）。

A．20px　　　　　　　B．24px　　　　　　　C．18px　　　　　　　D．30px

（2）【单选】（　　）可以看作产品成型前的简单框架，用于对产品的初步构思进行可视化展示。

A．布局图　　　　　　B．框架图　　　　　　C．逻辑图　　　　　　D．原型图

（3）【单选】在软件界面设计中，（　　）提供快速使用软件、访问其他界面等的功能，可以配合导航栏进行使用，通常放置在界面的顶部或底部。

A．导航栏　　　　　　B．命令栏　　　　　　C．标签栏　　　　　　D．工具箱

（4）【多选】网页界面的页尾可以展示（　　）内容。

A．总结　　　　　　　B．分类信息　　　　　C．版权声明　　　　　D．备案信息

（5）【多选】App界面一般由（　　）组成。

A．状态栏　　　　　　B．导航栏　　　　　　C．内容区域　　　　　D．标签栏

（6）【多选】下述有关Photoshop功能的说法中，正确的有（　　）。

A．使用Camera Raw 滤镜可以调整色彩、饱和度、曲线等

B．图框工具既可以在已有的图片上绘制图框，也可以在没有图片时绘制图框

C．画板可以随时调整宽度、高度和位置

D．制作网页界面时，可以直接使用"移动设备"选项卡中的"网页-大尺寸"预设选项新建文件

### 3．操作题

（1）为天气App设计天气预报界面，该界面须包含当前与未来15天的天气预报、空气质量、降水量、风向、湿度、气压、体感、穿衣建议和出行建议等信息，参考效果如图9-50所示。

（2）为伊始科技公司设计官网首页，旨在方便用户通过浏览网页了解公司信息。要求该首页能体现公司文化理念和产品服务等信息，视觉效果简洁、美观、易识别，参考效果如

图9-51所示。

图9-50　天气App界面　　　　　图9-51　科技公司官网首页界面

（3）某医疗健康App准备使用神采PromeAI设计界面以作参考，要求效果清新、简约、舒适、干净，体现专业的医疗形象，参考效果如图9-52所示。

图9-52　医疗健康App界面

# 第 **10** 章

**Ps**

第 **10** 章

# 电商视觉设计

在实体店中，消费者可以直接感知商品的质量、观察商品的外观，而在电商平台中，消费者则只能通过商品的图片和视频等媒介了解商品的相关信息。因此，打造极具吸引力的电商视觉效果，成为引起消费者关注、提升消费者对商品的好感度、促进商品交易的一大法宝。

## 学习目标

▶ **知识目标**

◎ 熟悉电商视觉设计规范。
◎ 掌握电商视觉设计要点。

▶ **技能目标**

◎ 能够使用 Photoshop 优化商品图、批量处理商品图。
◎ 能够以专业手法设计不同类型的电商视觉设计作品。
◎ 能够借助 AI 工具完成电商视觉的创意设计。

▶ **素养目标**

◎ 遵守广告法，真实、诚信地宣传商品。
◎ 提升总结和概括商品卖点的能力，培养电商视觉设计创新
　思维。

# STEP 1　相关知识学习　　　　　　　　　建议学时：__1__ 学时

| 课前预习 | 1. 扫码了解电商视觉设计的含义、作用和发展，建立对电商视觉设计的基本认识。<br>2. 上网搜索电商视觉设计案例，通过欣赏电商视觉设计作品，提升对该类作品的审美。 |
| --- | --- |
| 课堂讲解 | 1. 电商视觉设计规范。<br>2. 电商视觉设计要点。 |
| 重点难点 | 1. 学习重点：商品主图、商品详情页、网店首页、电商推广图设计。<br>2. 学习难点：焦点图设计、店招设计，视觉效果的创意性。 |

课前预习

# STEP 2　案例实践操作　　　　　　　　　建议学时：__2__ 学时

| 实战案例 | 1. 设计手提包主图。<br>2. 设计运动鞋详情页焦点图。 | 操作要点 | 1. 抠图工具组、修饰工具组、修复工具组的应用。<br>2. "动作"面板与批处理。 |
| --- | --- | --- | --- |
| 案例欣赏 | 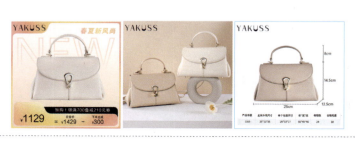  | | |

# STEP 3　技能巩固与提升　　　　　　　　　建议学时：__4__ 学时

| 拓展训练 | 1. 设计沙发人群推广图。<br>2. 设计电器网店店招。 |
| --- | --- |
| AI 辅助设计 | 1. 使用创客贴AI设计年货节电商海报。<br>2. 使用稿定AI设计耳机产品营销图。<br>3. 使用图可丽批量生成电商白底图。 |
| 课后练习 | 通过填空题、选择题、操作题巩固理论知识，并提升设计能力与实操能力。 |

# 10.1 行业知识：电商视觉设计基础

电商视觉设计是电商领域的重要环节，它通过专业的设计技巧和创意手法，将商品信息以富有吸引力的视觉形式传达给消费者，不仅关乎商品的展示，更关乎消费者的购物体验和商家目标的实现。

## 10.1.1 电商视觉设计规范

常见的电商视觉设计主要涉及商品主图、商品详情页、网店首页、电商推广图等类型，现在主流的电商平台都对这些常见类型进行了设计规范。

● **商品主图**。商品主图是商品展示的门面，通常显示在商品页顶部和搜索结果页中，主要展示商品外观、卖点、优惠活动等信息，如图10-1所示。商品主图的常见尺寸有800像素×800像素、900像素×1600像素、750像素×1000像素，大小尽量控制在3MB以内。

● **商品详情页**。商品详情页主要介绍商品的外观、尺寸、材质、颜色、功能、使用方法等详细信息，一般由焦点图、卖点图、细节图、参数图、服务与售后图等构成，图10-2所示为某行李箱详情页中的焦点图和卖点图。商品详情页的常规宽度为750像素或790像素，高度建议不超过35000像素，图片大小最好不超过10MB。

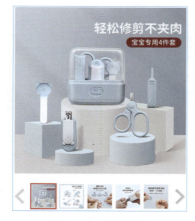

图10-1　商品主图　　　　　　　图10-2　某行李箱详情页中的焦点图和卖点图

● **网店首页**。网店首页是网店形象的展示页面，如图10-3所示，一般由店招、导航栏、全屏海报（也可称Banner）、商品分类区、优惠活动区、商品促销展示区、页尾组成，首页宽度为1920像素，高度根据实际需求设置。其中，店招位于网店首页的顶部，主要展示网店名称、活动内容、商品分类等需要让消费者第一眼就了解的信息，常规店招尺寸为950像素×120像素，通栏店招（包括页头背景、常规店招和导航栏）尺寸为1920像素×150像素。

● **电商推广图**。电商推广图主要包括人群推广（原引力魔方）图与关键词推广（原直通车）图，如图10-4所示。人群推广图主要用于网店、品牌、商品的推广、活动促销、激起消费者的购物需求，尺寸有800像素×800像素、800像素×1200像素、513像素×

750像素、750像素×1000像素等。关键词推广图侧重于单个商品的信息推广或销售诉求，尺寸为800像素×800像素。

图10-3　网店首页（局部）　　　　　图10-4　人群推广图与关键词推广图

## 10.1.2 电商视觉设计要点

随着越来越多的线下传统行业参与到电商市场的竞争中，消费者对电商视觉效果有了更高的要求，只有具备一定视觉吸引力的电商视觉设计作品才能赢得消费者的青睐。

- **信息简洁、精练**。不管是商品卖点展示、商品参数展示、活动推广，还是品牌推广，都应该遵循简洁明了的原则，传达精练的商品信息，方便消费者迅速理解和记忆。
- **图片美观、清晰**。美观的电商视觉设计作品更能收获消费者的好感，因此要选用美观的商品图片并确保清晰，使用合适的背景和构图，增强商品的吸引力。
- **卖点突出**。商品卖点要紧扣消费者诉求，并且要醒目突出、简洁明了、直接精确，对于促销活动、折扣信息等文字，可以使用醒目的颜色、字体和布局，确保这些信息在视觉上突出，能够快速吸引消费者的注意。
- **吸引力与创意兼具**。要想在众多商品中脱颖而出，需要有独特、新颖的创意点，如寻找触动人心的角度、独特的表现手法和布局、个性化的色彩搭配、创意的图片和文案等，增强设计作品的吸引力和趣味性，从而引发消费者的好奇心和购买欲望，提高转化率和销售额。
- **易于浏览**。关注消费者的购物流程、需求和习惯，优化页面布局和交互设计，通过设计元素（如箭头、颜色块、线条等）引导消费者按顺序浏览，确保其能轻松找到想要的商品。
- **建立信任与安全感**。网络购物中消费者无法真实地接触商品，因此还需要通过电商视觉设计提升消费者对商品的信任感，如展示真实评价和使用案例，提供认证资料、有保障及完善的售后服务等。

● **合规合法、诚信宣传。** 电商视觉设计作品的所有内容应符合相关法律法规和平台规定，避免涉及违法、违禁或不良信息。真实、诚信地宣传内容，才能树立良好的形象，赢得消费者的信任和支持。虽然可通过一些设计手法恰当地修饰商品，但不可太过夸张，否则商品图片与实物存在过大差距，容易误导消费者，使消费者对商品产生不好的印象。

# 10.2 实战案例：设计手提包主图

## 案例背景

某网店上新了一款女士手提包，在上架该手提包之前，需要为其设计商品主图，具体要求如下。

（1）主图数量为5张，都需添加网店Logo作为水印。其中第1张主图需着重设计，后4张主图只需展示外观和尺寸信息。

（2）主图整体风格统一，色彩搭配和谐，商品呈现效果美观。

（3）尺寸均为800像素×800像素，分辨率均为72像素/英寸。

## 设计思路

（1）第1张主图设计。根据手提包素材的色彩，选择相近、鲜艳的橙黄色作为主色，添加并着重突显上新信息及优惠价格文字，并添加网店Logo。

（2）后4张主图设计。后4张主图分别展现手提包的规格、正侧面外观、背侧面外观和尺寸信息，方便消费者全面、快速地了解商品。添加网店Logo，以强化整体感。

本例的参考效果如图10-5所示。

图10-5 手提包主图参考效果

## 操作要点

（1）使用背景橡皮擦工具抠取手提包图像。
（2）使用修饰工具组优化手提包质感。
（3）使用"动作"面板和"批处理"命令高效地制作主图。

操作要点详解

微课视频

抠取并修饰手提包

### 10.2.1 抠取并修饰手提包

拍摄的手提包照片的原始背景较为单调，可将手提包抠取出来，为其替换具有上新氛围的背景。手提包存在色彩暗淡的部分，可通过进行不同程度的提亮修饰操作，增加手提包的美观性。具体操作如下。

（1）打开"包1.jpg"素材，如图10-6所示，选择"背景橡皮擦工具"，在工具属性栏中设置大小为"5000像素"、限制为"查找边缘"、容差为"8%"，然后在素材背景处单击，Photoshop会智能地擦除与单击处相似的像素，效果如图10-7所示。

（2）此时，发现提手内部的背景没有去除，在此处单击，效果如图10-8所示，成功抠取出商品。

图10-6　打开素材　　　　　图10-7　智能擦除背景　　　　图10-8　擦除残余背景

（3）选择"减淡工具"，在工具属性栏中设置画笔大小为"20像素"、范围为"中间调"、曝光度为"100%"，在中间的金属装饰上进行涂抹，增强金属的反光效果，效果如图10-9所示。

（4）修改画笔大小为"350像素"、范围为"高光"、曝光度为"5%"，在整个包身上涂抹，适当增加亮度，效果如图10-10所示。

（5）修改画笔大小为"35像素"、范围为"中间调"、曝光度为"39%"，在包盖上边缘、包底边缘、提手较暗部分和两侧内凹的阴影上进行涂抹，适当增加亮度，效果如图10-11所示。

图10-9　增强金属的反光效果　　图10-10　增加包身亮度　　　图10-11　继续增加亮度

### 10.2.2　批量调整主图大小和添加水印

将修饰后的手提包图像添加到新背景中制作第1张主图，然后制作后4张主图。由于后4张主图素材均为1∶1的正方形，因此只需要调整为规范大小，并添加网店Logo作为水印即可，可使用"动作"面板进行批量处理，提高效率。具体操作如下。

微课视频

批量调整主图
大小和添加水印

（1）新建名称为"手提包主图1"、大小为"800像素×800像素"、分辨率为"72像素/英寸"、颜色模式为"RGB颜色"的文件。

（2）打开"上新主图.psd"素材，将其中的所有内容移至主图中，然后将修饰后的手提包图像移到主图中央，效果如图10-12所示。

（3）置入"Logo.png"素材，放置到主图的左上角，然后使用"横排文字工具" **T.** 输入图10-13所示的文字，完成第1张主图的制作。

（4）接下来以第2张主图为例录制动作进行批处理。打开"包2.jpg"素材，选择【窗口】/【动作】命令，打开"动作"面板，单击"创建新动作"按钮 ⊞，打开"新建动作"对话框，设置名称为"调整大小和添加水印"，单击 记录 按钮，面板底部出现 ● 按钮，表示已经开始录制。

（5）选择【图像】/【图像大小】命令，打开"图像大小"对话框，设置宽度、高度均为"800像素"，设置分辨率为"72像素/英寸"，单击 确定 按钮。

（6）置入"Logo.png"素材，调整其大小和位置，尽量使其与第1张主图中的Logo水印大小和位置保持一致，按【Ctrl+S】组合键存储为"手提包主图2.psd"文件，效果如图10-14所示。

图10-12　添加主图素材　　　图10-13　输入文字　　　图10-14　第2张主图的效果

（7）单击"动作"面板底部的"停止播放/记录"按钮 ■，结束动作的录制。选择【文件】/【自动】/【批处理】命令，打开"批处理"对话框，设置动作为"调整大小和添加水印"、源文件夹为"批处理"，然后设置目标文件夹为存储了效果文件的文件夹，在"文件命名"栏中设置图10-15所示的参数，单击 确定 按钮，Photoshop即可自动进行批处理。

（8）打开在"批处理"对话框中设置的目标文件夹，查看第3、4、5张主图的效果，如图10-16所示。

图10-15　为批处理文件命名　　　　　图10-16　第3、4、5张主图的效果

## 10.3　实战案例：设计运动鞋详情页焦点图

### 案例背景

某网店为了增加一款运动鞋的销量，准备重新设计其详情页的焦点图，突出其外观设计和

跑步性能等卖点，具体要求如下。

（1）色彩明亮、鲜艳，与运动鞋本身的色彩搭配和谐。

（2）标题突出、效果与商品的功能相符，整体视觉效果冲击力强，画面能充分展现运动鞋的流线型外观、配色、轻盈、透气，以及超强的跑步性能。

（3）焦点图尺寸为750像素×1260像素，分辨率为72像素/英寸。

### 设计大讲堂

　　焦点图是商品详情页的第一张主形象图，通常由商品、主题与卖点3部分组成，作用在于明确展示商品主体、突出商品优势、提高消费者继续浏览的兴趣。因此焦点图设计应突出商品的卖点，在文案与图片设计上创新。具体而言，可通过突出商品的特色，放大商品的优势，或通过对比其他商品的方式，直观呈现商品的整体形象、核心卖点和商品理念，以极具视觉冲击力的画面吸引消费者。

### 设计思路

（1）色彩设计。运用蓝色和紫色作为焦点图背景的颜色，与运动鞋本身的颜色对应，运用白色作为文字颜色，使文字醒目突出，视觉效果和谐。

（2）图像设计。以飞扬的、抽象的渐变线条为装饰，以蓝天为背景，将运动鞋置于飞扬的线条图像上，表明跑步速度之快、步伐之轻盈。

（3）文案设计。以"追风"为标题，并为文字设计被风吹过的特殊造型，强调运动鞋的跑步性能；添加精练的卖点文案，如"舒适透气 缓震回弹"，再搭配英文进行装饰。

本例的参考效果如图10-17所示。

图10-17　运动鞋详情页焦点图参考效果

### 操作要点

操作要点详解

（1）运用钢笔工具抠取运动鞋图像。

（2）运用污点修复画笔工具修复鞋面污点。

（3）运用"风"滤镜制作标题文字的特殊效果。

## 10.3.1 抠取运动鞋

微课视频

抠取运动鞋

由于运动鞋的轮廓比较复杂，且原始背景与鞋的分界不明显，因此可使用钢笔工具绘制路径来抠图。具体操作如下。

（1）打开"运动鞋.jpg"素材，选择"钢笔工具" ，在工具属性栏中设置工具模式为"路径"，然后在运动鞋图片中选取一个边缘点单击，确定所绘路径的起点。

（2）沿着运动鞋商品图片的边缘单击添加第2个锚点，遇到曲线边缘时，拖曳鼠标调整锚点的平滑度，绘制出曲线路径，如图10-18所示。在添加锚点时，尽量放大图片，并尽量将锚点添加在所选区域边缘靠内的位置。

（3）沿着运动鞋的边缘添加多个锚点，当鼠标指针回到起始锚点并变为 状态（见图10-19）时，单击锚点闭合路径。

> **操作小贴士**
>
> 　　在通过绘制路径抠取商品图像时，若部分锚点不贴合商品边缘，可使用"直接选择工具" 选择锚点，移动锚点或锚点上的控制柄来调整；若想调整锚点的平滑度，则可使用"转换点工具" 拖曳锚点，通过调整锚点控制柄来调整。此外，还可使用"删除锚点工具" 删除不想要的锚点，使用"添加锚点工具" 增加锚点。

（4）在工具属性栏中单击 按钮，打开"建立选区"对话框，设置羽化半径为"1像素"，单击 按钮将路径转换为选区。

（5）按【Ctrl+J】组合键复制选区的内容到新图层上，隐藏"背景"图层，运动鞋的抠取效果如图10-20所示。

图10-18　绘制曲线路径　　　　图10-19　回到起始锚点　　　　图10-20　运动鞋的抠取效果

## 10.3.2　修复鞋面污点并制作焦点图

运动鞋鞋面有污点，导致效果不美观，因此需要去除，然后将运动鞋合成到焦点图背景中，并输入文字，制作特殊的标题效果。具体操作如下。

（1）选择"污点修复画笔工具" ，在工具属性栏中设置画笔大小为"30像素"、硬度为"53%"、类型为"内容识别"，然后在鞋面的污点上单击，如图10-21所示，将其向右下方的污迹拖动，拖动轨迹将覆盖污点，如图10-22所示。

（2）使用步骤（1）的方式，去除鞋面上的全部污点，效果如图10-23所示。

微课视频

修复鞋面污点
并制作焦点图

图10-21　在污点上单击

图10-22　沿污迹拖动

图10-23　鞋面修复效果

（3）新建名称为"运动鞋详情页焦点图"、大小为"750像素×1260像素"、分辨率为"72像素/英寸"、颜色模式为"RGB颜色"的文件。

（4）置入"焦点图背景.jpg"素材，将抠取后的运动鞋图像添加到背景中，复制运动鞋图像，依次调整大小和位置，效果如图10-24所示。

（5）使用"横排文字工具" T 输入图10-25所示的文字，设置字体分别为"方正工业黑简体""思源黑体CN"。

（6）复制"追风"文字图层。选中原"追风"文字图层，选择【滤镜】/【风格化】/【风】命令，在弹出的提示框中单击 转换为智能对象(C) 按钮，打开"风"对话框，选中"大风""从右"单选项，单击 确定 按钮。按【Alt+Ctrl+F】组合键重复应用一次该滤镜效果。

（7）向左轻微移动原"追风"文字图层，形成错位效果，设置图层不透明度为"50%"。

（8）选中画面左上方的Sports Running文字，选择【滤镜】/【风格化】/【风】命令，在弹出的提示框中单击 转换为智能对象(C) 按钮，打开"风"对话框，选中"风""从右"单选项，单击 确定 按钮，然后复制该图层，强化风吹的效果。使用相同的方法处理画面右下方的Sports Running文字，最终效果如图10-26所示。

图10-24　添加焦点图素材

图10-25　输入文字

图10-26　制作风吹效果

# 10.4 拓展训练

## 实训1　设计沙发人群推广图

### 实训要求

（1）"特屿森"旗舰店是一家家具淘宝网店，现需制作人群推广图宣传店内的一款沙发，旨在传达保护大自然、呵护树木的品牌理念，让消费者欣赏到"绿色之美"。

（2）人群推广图尺寸为800像素×1200像素，分辨率为72像素/英寸，以商品图片为主，文案简洁、直观。

### 操作思路

（1）使用背景橡皮擦工具、钢笔工具抠取沙发主体图像。

（2）将抠取的图像添加到大自然背景中，然后使用画笔工具绘制沙发在草地上的投影。

（3）使用文字工具组输入文字，绘制圆角矩形。

具体设计过程如图10-27所示。

①抠取沙发主体图像　②在大自然背景中添加沙发主体图像并绘制投影　③输入文字并绘制圆角矩形

图10-27　沙发人群推广图设计过程

## 实训2　设计电器网店店招

### 实训要求

（1）为乐优纳电器网店制作具有科技感的通栏店招，以展示店铺的优惠信息和热卖商品。

（2）尺寸为1920像素×150像素，分辨率为72像素/英寸，布局整齐、美观。

**操作思路**

（1）使用钢笔工具抠取白色电饭煲图像，使用背景橡皮擦工具抠取深色电饭煲图像。

（2）添加店招素材，依次制作店招、按钮、优惠券和导航栏模块。

具体设计过程如图10-28所示。

①抠取商品图像

②添加素材并制作店招

图10-28　电器网店店招设计过程

# 10.5　AI辅助设计

创客贴 AI 　设计年货节电商海报

创客贴AI是创可贴平台的AI服务，不但具有AI绘画、AI文案、图片编辑等AI功能，还能针对常见的设计场景进行智能化模板套用及设计，高效、批量产出多种营销场景的创意内容，广泛应用于广告、新媒体、电商等领域。下面使用创客贴AI设计年货节电商海报。

| 智能设计 |
| --- |

使用方式：选择模式 → 输入文案 → 上传商品图。

上传商品图：

示例

模式：AI海报>电商海报。

主标题：年货节囤货季。

副标题：春节期间低至5折起。

促销文案：美食美味美好享不停。

示例效果：

**稿定 AI  设计耳机产品营销图**

　　稿定AI是稿定设计平台的AI服务，提供AI作图、AI文案、AI商品图、AI素材、AI场景图等多种AI设计工具。与创客贴AI相似，稿定AI也能提供丰富的智能化设计模板，生成电商营销文案和设计图。下面使用稿定AI设计耳机产品营销图。

## 智能设计

使用方式：选择模式 → 生成文案 → 上传商品图。

示例

模式：AI设计>电商>产品营销。

描述设计需求：头戴式降噪耳机。

AI生成文案：

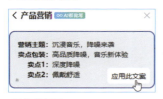

上传商品图：

示例效果：

## 图可丽 批量生成电商白底图

　　图可丽是一个集抠图、图像修复、视频动漫化、风格迁移等多个功能于一体的AI工具，能有针对性地满足不同设计人员的需求。在"图可丽"官方网站中打开"产品"下拉列表，"自动设计模板"选项中包含8个自动设计工具，其中"批量电商白底图"工具在电商视觉设计中常常用到，它专为制作白底商品主图而设计，设计人员只需上传多张图片，图可丽会自动识别商品，将其抠取出来，然后按照设置的尺寸、背景颜色合成新图片，并且支持批量或打包下载这些新图片。

### 图片编辑

　　使用方式：选择产品 → 上传图片 → 设置参数。
　　主要参数：背景、比例（包含尺寸）。

**示例**
产品：自动设计模板>批量电商白底图。
背景：白色。
比例：自定义尺寸\800px×800px
批量上传原图：

批量生成白底图：

### 拓展训练

　　请运用稿定AI中的横版电商海报模式分别针对年货节、头戴式降噪耳机产品进行智能电商视觉设计。

# 10.6 课后练习

### 1．填空题

（1）网店首页一般由_____组成。

（2）通栏店招的内容包括_____、_____和_____。

（3）商品详情页一般由_____构成。

（4）_____侧重于单个商品的信息推广或销售诉求，尺寸为_____。

### 2．选择题

（1）【单选】网店首页中通栏店招的高度为（　　）像素。

A．1920　　　　　　B．1080　　　　　　C．120　　　　　　D．150

（2）【单选】（　　）是商品详情页的第一张主形象图，通常由商品、主题与卖点3部分组成。

A．关键词推广图　　　B．焦点图　　　　C．Banner　　　　　D．主图

（3）【多选】主图的常见尺寸有（　　）。

A．800像素×800像素　　　　　　　　B．900像素×1600像素

C．750像素×1000像素　　　　　　　　D．800像素×1200像素

（4）【多选】电商视觉设计要点包括（　　）。

A．图片美观、清晰　　B．建立信任与安全感　C．合规合法　　　　D．卖点突出

### 3．操作题

（1）为"微风之翼"品牌旗舰店设计风扇的关键词推广图，要求着重突显风扇的风力强、能多挡调节等主要卖点，文案精练，视觉效果美观，参考效果如图10-29所示。

（2）为"艺品家"品牌的烤箱设计详情页焦点图，要求体现烤箱的外观特点和功能优势，并选用厨房场景作为背景，参考效果如图10-30所示。

（3）运用稿定AI中的商品主图模式，使用提供的洗面奶素材设计商品主图，参考效果如图10-31所示。

图10-29　风扇关键词推广图　　　图10-30　烤箱详情页焦点图　　　图10-31　洗面奶主图

**Ps**

第 **11** 章

# 综合案例

设计人员在日常工作中通常会接触到不同行业、不同风格的平面设计案例，涵盖从品牌标志到广告、海报设计，再到包装设计以及界面设计等多个领域。这些案例不仅商业性强，以市场需求和用户体验为导向，而且效果美观、创意独特、实用性强，是检验设计人员技术与创意的试金石。设计人员通过参与不同行业的设计项目，可以拓宽设计视野，提升专业素养和创新能力，在不断学习中探索设计上的新突破。

## 学习目标

▶ **知识目标**

◎ 欣赏专业的商业案例设计作品。
◎ 熟悉不同行业、不同类型的平面作品的设计方法。

▶ **技能目标**

◎ 能够以专业手法完成不同领域的平面设计项目。
◎ 能够综合运用 Photoshop 的各项功能。

▶ **素养目标**

◎ 具备基本的设计素养，培养工匠精神。
◎ 培养独立完成平面设计商业项目的能力。
◎ 提高对市场和目标受众的敏感度，能从全局缜密思考。

**STEP 1　相关知识学习**　　　　　　　建议学时：　0.5　学时

**课前预习**

1. 扫码了解设计人员的职业要求，加深对平面设计行业的认识。
2. 上网搜索成体系的企业、品牌、文创设计项目，通过这些案例提高对平面设计的审美，培养系统性思维。

课前预习

**STEP 2　案例实践操作**　　　　　　　建议学时：　6.5　学时

**商业案例**

1. 电动汽车企业项目设计：设计汽车企业标志、设计汽车企业员工名片、设计汽车企业官网界面。
2. 农产品品牌项目设计：设计促销活动Banner、设计农产品主图和详情页、设计农产品包装。
3. 文化创意产业项目设计：设计《非遗之美：皮影戏》书籍装帧、设计工匠精神开屏广告、设计《烈火英雄》电影海报。

**案例欣赏**

# 11.1　电动汽车企业项目设计

　　随着我国环保事业的不断发展和人们环保意识的不断加强，新能源行业迅猛发展，越来越多的汽车企业进入新能源领域。翼速汽车（Espeed Auto）致力于电动汽车发展与创新，为广大车主提供快速、高效的服务，以及安全、环保的电动汽车。企业创立之际，为了塑造企业形象，需要设计企业标志、员工名片，并设计功能完善的官网界面等。

## 11.1.1　设计汽车企业标志

　　为了树立良好的企业形象，翼速汽车需要设计一款具有代表性的标志。

### 设计要求

（1）标志外观要与"翼速"、汽车相关联，同时体现新能源、环保的概念。

（2）标志具有高辨识度和记忆度，以及年轻化、现代化的特点，能给人利落的感受。

（3）标志分辨率为300像素/英寸，矢量图形，尺寸为2000像素×2000像素。

### 设计思路

（1）以"翼"联想到羽翼、翅膀，结合英文名称中的"E"，绘制3排平行四边形。

（2）在第三排平行四边形右下角绘制圆形代表汽车轮胎，然后调整第二排平行四边形为车尾造型。

（3）选择圆润的、笔画较粗的字体，在标志图形左侧输入企业名称的中英文，适当倾斜文字，使其与标志图形的风格统一，并增强速度感和力量感。

（4）采用代表环保的绿色及青色、蓝色，运用渐变填充、图层样式等制作标志的其他配色及金属效果，并将标志运用到工作文档和汽车图像上，参考效果如图11-1所示。

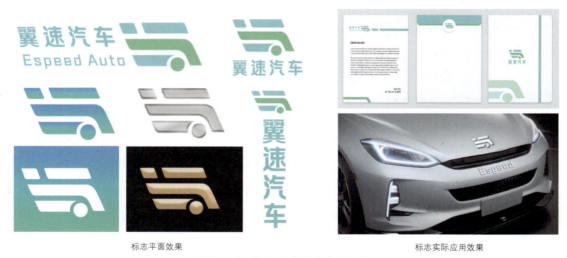

标志平面效果　　　　　　　　　　　　　标志实际应用效果

图11-1　汽车企业标志参考效果

## 11.1.2 设计汽车企业员工名片

为了提升企业员工的整体形象，培养员工对企业的责任感和归属感，该企业还需设计统一的员工名片。

### 设计要求

（1）设计名片的正面和背面，需包含企业名称、标志、姓名、岗位、联系方式等内容。

（2）名片与企业标志的整体风格一致，能够统一企业形象，文字易识别。

（3）名片成品尺寸为90毫米×54毫米，分辨率至少为300像素/英寸，采用CMYK颜色模式。

## 💡 设计思路

（1）利用并变换标志的局部图形，设计出名片正面的背景。

（2）输入名片正面的文字，突显员工姓名和岗位信息，并添加装饰图标美化联系方式信息。

（3）为名片背面填充蓝绿色渐变，添加标志并设置为显眼的白色，参考效果如图11-2所示。

图11-2　汽车企业员工名片参考效果

### 11.1.3　设计汽车企业官网界面

为了更好地对外宣传企业，该企业准备搭建企业官方网站，需要设计其中的网页界面。

## 📋 设计要求

（1）设计官网首页界面，需包含企业标志、导航栏、企业形象宣传Banner、企业介绍、页尾等信息。

（2）设计产品中心页界面，需包含企业标志、导航栏、汽车定制宣传Banner、车型概览、新车展示、页尾等信息。

（3）界面整体风格统一，配色和谐，视觉效果大气，板块划分清晰，文字易识别。

（4）界面高度不限，宽度均为1920像素，分辨率均为72像素/英寸。

## 💡 设计思路

（1）首页界面以蓝绿渐变为主色，首先添加企业标志，绘制导航栏背景，然后输入导航栏文字，制作搜索框。

（2）添加企业形象素材，适当调色使其色彩与界面主色更加和谐，输入关于环保、智能出行的文字，为文字绘制蓝绿渐变背景，加强文字显示效果。

（3）输入板块标题文字并在两侧绘制装饰线，在左侧添加图片素材，在右侧输入企业简介，然后在下方以"图标+文字"的形式介绍企业的主要业务。

（4）复制板块标题到下方，并修改板块名称，添加关于产品细节的图片，并输入文字加以说明，为文字绘制背景。

（5）添加新能源汽车充电的图片，适当擦除图片顶部使其与界面融合，显得更加自然，在底部绘制页尾背景，添加标志、图标、联系方式等页尾内容。

（6）采用与制作首页界面相同的方法，依次制作产品中心页界面的导航栏、汽车定制宣传Banner、车型概览、新车展示、页尾内容，参考效果如图11-3所示。

图11-3　汽车企业官网界面参考效果

# 11.2 农产品品牌项目设计

《"十四五"电子商务发展规划》中明确指出："提高农产品标准化、多元化、品牌化、可电商化水平，提升农产品附加值。鼓励运用短视频、直播等新载体，宣传推广乡村美好生态。"随着乡村振兴战略的全面展开，众多农产品网店如雨后春笋般涌现，"珩农"品牌网店便是乘风而起的一家农产品网店。为了提升品牌知名度、提高农产品销量，该网店准备开展全店促销活动，要设计新的宣传Banner、农产品主图和详情页进行展示，同时升级农产品的包装。

## 11.2.1 设计促销活动Banner

"珩农"品牌网店即将开展"好货出村 爱心助农"活动，全店满189元减30元。为提高活动知名度、吸引更多消费者，需要设计Banner展示在该网店首页。

### 设计要求

（1）Banner主要针对全店农产品进行推广，因此需要展示多款农产品，体现农产品的丰富性。

（2）要具备视觉冲击力，营造合适的活动氛围，快速吸引消费者的注意。

（3）色彩搭配丰富、亮丽，体现农产品的自然、健康属性。

（4）尺寸为1920像素×800像素，分辨率为72像素/英寸。

### 设计思路

（1）结合绘制图形、图层混合模式、滤镜和图层样式等功能，设计Banner的背景，展现该网店的新鲜果蔬及其生产基地的图像，形象地体现"好货出村"。

（2）绘制横幅形状，用以展现主题；绘制爱心图形，表现活动的温暖寓意。

（3）输入活动主题和优惠信息等文字，添加农产品的生产基地实拍图，合理布局并通过图层样式、调色等适当美化，参考效果如图11-4所示。

图11-4　促销活动Banner参考效果

### 11.2.2 设计农产品主图

玉米丰收的时刻即将来临，为提高"珩农"品牌网店的玉米销量，需要设计玉米主图。

**设计要求**

（1）主图画面应突出玉米，主图色彩与玉米本身的色彩搭配和谐。

（2）文案突出玉米的主要卖点"软""糯""甜"，以及优惠的价格。

（3）尺寸为800像素×800像素，分辨率为72像素/英寸。

**设计思路**

（1）由于玉米粒为黄色、玉米叶为浅绿色，因此可选用黄绿色调绘制主图背景，营造自然、健康的氛围。

（2）从玉米素材图片的原始背景中抠取出玉米主体图像，放到主图背景中。

（3）输入玉米名称、宣传语、价格、促销信息等文字，为文字绘制装饰图形、添加图层样式，便于区分信息主次，参考效果如图11-5所示。

图11-5　农产品主图参考效果

### 11.2.3 设计农产品详情页

为提升草莓对消费者的吸引力、全面展示草莓信息，需要为草莓重新设计商品详情页。

**设计要求**

（1）详情页风格朴实、自然，色彩搭配统一、和谐。

（2）通过划分不同板块，全面展现草莓的卖点、产地、参数，以及快递、售后等信息。

（3）尺寸为750像素×6200像素，分辨率为72像素/英寸。

**设计思路**

（1）先制作详情页焦点图，添加草莓背景素材，然后绘制装饰图形、输入文字，充分展现草莓香甜、果肉新鲜的特点。

（2）延续焦点图的配色和宽度，以"商品图+文字卡片"的形式制作商品介绍板块。

（3）绘制图形，布局产地信息板块，图文结合地展示生态种植、现摘现发等内容，适当美化产地图片。

（4）制作细节展示板块，图文结合地展示消费者关心的草莓果形、果肉、果味。

（5）制作买家须知板块，展示快递、重量、签收、售后等细则，部分参考效果如图11-6所示。

图11-6　农产品详情页部分参考效果

### 11.2.4　设计农产品包装

"珩农"品牌网店内的奇异果销量极佳，为满足消费者将其购买作为礼品的需求，该店准备为奇异果设计礼盒包装。

#### 设计要求

（1）以奇异果的绿色为主色，搭配其他和谐的色彩。

（2）展示农产品名称、净含量、宣传语等信息，体现奇异果自然、新鲜等卖点。

（3）按照素材中提供的包装平面展开图尺寸制作，采用CMYK颜色模式，分辨率为300像素/英寸。

#### 设计思路

（1）绘制包装各个面的背景，然后抠取奇异果图像，添加到包装正面。

（2）使用画笔工具和多种画笔笔尖样式绘制奇异果切面，将其作为装饰元素。

（3）在包装正面输入农产品名称、净含量、主要卖点等文字，并为文字绘制装饰图形、添加图层样式进行美化。

（4）复制正面所有内容到包装背面，然后在包装顶面输入宣传语，并制作装饰图形。

（5）复制顶面所有内容到包装底面，盖印图层，将各个面的效果替换到包装盒样机中，参考效果如图11-7所示。

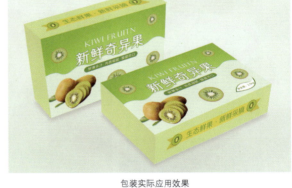

包装平面效果　　　　　　　　　　　　　　　　　包装实际应用效果

图11-7　农产品包装参考效果

## 11.3　文化创意产业项目设计

鉴于当前社会对文化传承与创新的高度重视，以及文化创意产业对平面设计需求的日益增长，某文创组织决定启动一项综合性的文化创意产业项目，旨在通过平面设计这一媒介来多维度展现中华文化的内涵与魅力，为社会公众带来更丰富多彩的文化体验与精神享受。项目内容包含设计《非遗之美：皮影戏》书籍装帧、工匠精神开屏广告、《烈火英雄》电影海报等。

### 11.3.1　设计《非遗之美：皮影戏》书籍装帧

为了激发当代人对传统文化的兴趣，该文创组织决定以皮影戏这一非物质文化遗产为主题策划出版图书，现需设计《非遗之美：皮影戏》书籍装帧。

### 设计要求

（1）风格偏向传统、古典，色彩搭配和谐、统一，整体视觉效果美观、典雅、艺术性强。

（2）设计封面、书脊、封底，须包含必要的图书基本信息，添加宣传语和皮影相关图像。

（3）书籍开本尺寸为260mm×185mm，书脊厚度为18mm，采用CMYK颜色模式，分辨率为300像素/英寸。

### 💡 设计思路

（1）使用参考线划分封面、书脊、封底。

（2）以白色为主色，从传统皮影常用的色彩中提取红色、黄色作为辅助色，绘制多个矩形，制作书籍装帧背景。

（3）在封面中输入书名、作者署名、出版社名、宣传语，添加皮影图像、皮影印章。

（4）在书脊中输入书名、作者署名、出版社名，添加皮影印章。

（5）在封底中输入"皮影戏"文字作为装饰元素，添加皮影图像、条形码。

（6）调整封底元素的不透明度，形成半透明重叠效果，然后盖印图层。

（7）将封面、书脊、封底的效果替换到图书样机中，参考效果如图11-8所示。

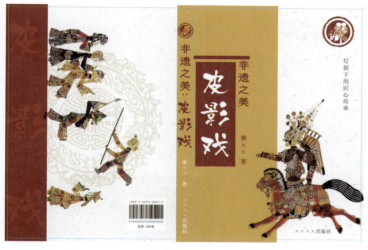 

书籍装帧平面效果　　　　　　　　　　　书籍装帧立体效果

图11-8　《非遗之美：皮影戏》书籍装帧参考效果

## 11.3.2　设计工匠精神开屏广告

为弘扬文艺工作者的工匠精神，该文创组织计划制作工匠精神开屏广告，投放在各大App中。

### 📑 设计要求

（1）合成简约、大气、醒目的工匠图像，文案要宣传工匠精神，广告内容具有创意。

（2）尺寸为1080像素×2160像素，分辨率为72像素/英寸。

### 🔅 设计思路

（1）添加工匠图像作为背景，在广告顶部输入"大""国""工"文字，在底部输入"心""独""具"文字，利用蒙版制作文字的镂空效果，透出下层的工匠图像。

（2）运用图层混合模式混合云雾和云层图像作为装饰，并在广告顶部和底部创建剪贴蒙版，制作背景图。

（3）输入棕色的"匠"主体文字，可结合选区与蒙版调整"匠"字的局部颜色，使其与背景图更加和谐。

（4）在广告右上角制作"跳过"按钮，参考效果如图11-9所示。

图11-9　工匠精神开屏广告参考效果

## 11.3.3 设计《烈火英雄》电影海报

全国消防日（每年的11月9日）即将到来，该文创组织响应有关部门的消防主题活动，准备深入基层展演相关影片，宣传消防精神，提高人们的防火意识，现需设计《烈火英雄》电影海报进行宣传。

### 📑 设计要求

（1）电影主题明确，视觉冲击力强，营造紧张的氛围，使观众产生情感共鸣。

（2）画面突出展现消防员的无畏与勇气，体现电影的精神内涵。

（3）尺寸为30厘米×45厘米，分辨率为300像素/英寸，使用RGB颜色模式。

### 🔅 设计思路

（1）运用蒙版、混合模式、画笔工具、形状工具组、涂抹工具、橡皮擦工具、滤镜等，将多种火焰素材、建筑物、消防员素材合成具有冲击力的电影图像。

（2）输入影片的中英文名、宣传语、简介等文字。

（3）导入金属磨损图案，利用"图案叠加"等多种图层样式为标题制作立体的金属字效果，参考效果如图11-10所示。

图11-10　《烈火英雄》电影海报参考效果